植被变化对中国水循环的影响机制研究

宋志红 夏军 王纲胜 佘敦先 熊婉丽 胡辰 等 著

·北京·

内 容 提 要

本书简要阐述了植被变化下水文模拟与响应的基本理论与方法，系统分析了植被变化对中国水循环的影响机制。本书首先建立了耦合植被动态信息的大尺度分布式水文模型；然后采用机器学习技术构建了中国尺度分布式水文模型的参数区域化方案；最后辨识了不同区域水循环要素（产流、蒸散发）变化的主要驱动因子，定量评估了气候变化和植被变化对中国水循环的影响和相对贡献，揭示了1982—2012年中国水循环变化的驱动机制。

本书对于认知植被变化下水循环演变规律及其驱动机制等方面具有一定的理论和实践指导意义，可供从事水文水资源与生态研究相关工作的科研人员、大学教师和相关专业的研究生，以及从事水资源管理研究的技术人员参考。

图书在版编目（CIP）数据

植被变化对中国水循环的影响机制研究 / 宋志红等著. -- 北京：中国水利水电出版社，2024.5. -- ISBN 978-7-5226-2519-5

Ⅰ．P339

中国国家版本馆CIP数据核字第2024EX5173号

审图号：GS京（2023）2469号

书　　名	**植被变化对中国水循环的影响机制研究** ZHIBEI BIANHUA DUI ZHONGGUO SHUIXUNHUAN DE YINGXIANG JIZHI YANJIU
作　　者	宋志红　夏军　王纲胜　余敦先　熊婉丽　胡辰　等著
出版发行	中国水利水电出版社 （北京市海淀区玉渊潭南路1号D座　100038） 网址：www.waterpub.com.cn E-mail：sales@mwr.gov.cn 电话：（010）68545888（营销中心）
经　　售	北京科水图书销售有限公司 电话：（010）68545874、63202643 全国各地新华书店和相关出版物销售网点
排　　版	中国水利水电出版社微机排版中心
印　　刷	北京中献拓方科技发展有限公司
规　　格	170mm×240mm　16开本　10印张　139千字
版　　次	2024年5月第1版　2024年5月第1次印刷
定　　价	**86.00元**

凡购买我社图书，如有缺页、倒页、脱页的，本社营销中心负责调换

版权所有·侵权必究

前 言

受气候变化和人类活动的影响，全球水循环正经历前所未有的变化。特别是植被变化对流域水文过程的影响，最近引起了广泛的科学关注。20世纪80年代以来，全球大部分地区面临显著的植被覆盖增加趋势。植被控制着陆地和大气之间碳、水、动量和能量之间的交换，在陆地水循环中发挥着至关重要的调节作用，对流域水文过程能够产生深远影响。因此，迫切需要深入探究植被变化下的水文响应问题。20世纪80年代以来，为了防治土地荒漠化和缓解气候变暖，中国实施了一系列大规模生态保护修复工程，显著增加了森林覆盖率，并贡献了四分之一的全球叶面积增长量。大量研究认为，植被覆盖增加会增强蒸散发（ET），引起土壤含水量（SM）和径流量减少，加剧干旱地区的水资源短缺，导致中国水资源空间分配更加不均。

正确认识和评估植被变化对中国水循环的影响有深远的现实意义。为此，本书发展了考虑植被动态信息的大尺度分布式水文模型，并实现了中国高分辨率的率定与检验，然后基于机器学习技术构建了中国尺度的参数区域化方案，模拟分析了中国水循环演变规律，揭示了中国不同区域植被变化和气候变化下的水文响应机制，最后定量评估了植被变化和气候变化对中国水循环的影响及相对贡献，发现1982—2012年气候变化主导了中国大部分地区的水循环变化，而植被变化对水分限制区域的水循环影响更显著。这一发现对于水分限制区域生态恢复政策的制定具有重要意义。研究成果可为变化环境下水资源可持续利用和管理，以及适应性对策制定提供理论和技术支撑。

本书的研究工作得到了国家自然科学基金项目（52309002）和

中央级公益性科研院所基本科研业务费项目（CKSF2023298/SZ）的共同资助。本书编写的具体分工如下：第1章由宋志红和夏军执笔；第2章和第3章由宋志红、王纲胜和熊婉丽执笔；第4章由佘敦先和胡辰执笔；第5章由宋志红、王纲胜和佘敦先执笔；第6章由宋志红、夏军、王纲胜执笔。全书由宋志红统稿，王纲胜和佘敦先校稿。

  由于植被变化下的生态水文响应机制极其复杂，且研究内容涉及水文学、水资源学、生态学、气象学、统计学、系统科学等多个学科，加之时间和水平有限，书中难免存在不足之处，敬请读者批评指正。

作者

2024年5月

本书关键缩写/符号对照表

缩写/符号	英文全称	中文名称/物理意义	属性
DTVGM	Distributed Time Variant Gain Model	分布式时变增益模型	模型
PML	Penman-Monteith-Leuning	彭曼-蒙蒂斯-鲁宁模型，后文称遥感蒸散发模型	
VIC	Variable Infiltration Capacity	可变下渗容量水文模型	
GBM	Gradient Boosting Machine	梯度提升机	
MLR	Multiple Linear Regression	多元逐步线性回归	
CLB	Calibration	指率定结果	
LSM	Land Surface Model	陆面模式	
ESM	Earth System Model	地球系统模式	
GLDAS	Global Land Data Assimilation System	全球陆面数据同化系统	数据产品
GLEAM	Global Land Evaporation Amsterdam Model	全球陆面蒸散发产品	
GLASS	Global LAnd Surface Satellite	全球陆表特征参量产品	
IGSNRR	Institute of Geographic Sciences and Natural Resources Research	中国陆面水文通量及状态数据集	
KGE	Kling-Gupta Efficiency	克林效率系数	指标
NSE	Nash-Sutcliffe Efficiency	纳什效率系数	
PBIAS	Percent Bias	百分比误差	
RMSE	Root Mean Square Error	均方根误差	
TSS	Taylor Skill Score	泰勒技能评分	
PC	Percent Contribution	相对贡献	

续表

缩写/符号	英文全称	中文名称/物理意义	属性
LAI	Leaf Area Index	叶面积指数	植被
NDVI	Normalized Difference Vegetation Index	归一化植被指数	植被
NPP	Net Primary Producitivity	植被净初级生产力	植被
PET	Potential Evapotranspiration	潜在蒸散发	水文气象
AI	Arid Index	干旱指数（干燥度）	水文气象
SM	Soil Moisture	土壤湿度	水文气象
P	precipitation	降水	模型状态变量
ET	evapotranspiration	蒸散发	模型状态变量
E_i	interception evaporation	截留蒸发	模型状态变量
E_s	soil evaporation	土壤蒸发	模型状态变量
E_t	transpiration	植被蒸腾	模型状态变量
R	runoff	产流	模型状态变量
P_t	rainfall passing through the canopy	穿过冠层的降雨量	模型状态变量
P_s	snowfall	降雪	模型状态变量
P_r	rainfall	降雨	模型状态变量
S_m	snowmelt	融雪	模型状态变量
R_s	surface runoff	地表产流	模型状态变量
R_{ss}	subsurface runoff	壤中流	模型状态变量
R_g	baseflow	基流	模型状态变量
R_r	groundwater recharge	地下水补给	模型状态变量
W	soil moisture content	土壤含水量	模型状态变量
G	groundwater storage	地下水蓄水量	模型状态变量
Q	streamflow	径流	模型状态变量

目 录

前言

本书关键缩写/符号对照表

第1章 绪论 ··· 1
1.1 植被变化下的水文响应研究背景及意义 ·· 1
1.2 国内外研究现状 ·· 4
1.2.1 植被变化下水文响应研究方法 ·· 4
1.2.2 气候变化和植被变化对水循环的影响 ····························· 13
1.3 植被变化下的水文响应已有研究的不足 ··· 19
1.4 本书研究内容与技术路线 ··· 20
1.4.1 研究内容 ··· 20
1.4.2 技术路线 ··· 21

第2章 考虑植被动态信息的分布式时变增益模型 ················· 24
2.1 分布式时变增益模型的发展 ··· 25
2.2 耦合植被动态信息的 DTVGM-PML ··· 27
2.2.1 蒸散发模块 ··· 27
2.2.2 融雪模块 ··· 32
2.2.3 产流模块 ··· 32
2.2.4 汇流模块 ··· 34

第3章 中国高分辨率 DTVGM-PML 模型率定与检验 ················· 37
3.1 研究区域及数据 ··· 38
3.1.1 研究区域 ··· 38

3.1.2 研究数据 ··· 40
3.2 模型率定 ··· 43
3.3 模拟验证 ··· 46

第4章 中国尺度 DTVGM－PML 模型参数区域化 ·············· 56
4.1 参数区域化方案 ··· 57
4.1.1 机器学习算法 GBM ··· 59
4.1.2 多元逐步线性回归 ··· 61
4.2 结果分析 ··· 62
4.2.1 参数区域化精度 ··· 62
4.2.2 水文模拟验证 ··· 70
4.2.3 水文模型参数主导因子识别 ··································· 75
4.3 对参数区域化方案的讨论 ··· 77
4.3.1 GBM 参数区域化方案的优势 ································· 77
4.3.2 模型参数主导因子理解 ······································· 78
4.3.3 参数区域化的必要性 ··· 83

第5章 气候变化和植被变化对中国水循环的影响 ·············· 84
5.1 研究方法 ··· 86
5.1.1 驱动因子 ··· 86
5.1.2 偏相关分析 ··· 87
5.1.3 情景实验设计 ··· 89
5.1.4 去趋势法 ··· 91
5.2 研究结果 ··· 92
5.2.1 植被变化趋势 ··· 92
5.2.2 水循环演变规律 ··· 95
5.2.3 主导驱动因子识别 ··· 98
5.2.4 驱动因子对水文要素的影响 ··································· 104

  5.2.5 植被变化对水文要素变化的相对贡献 …………………… 110

第 6 章 总结与展望 ………………………………………… 115
6.1 主要工作与结论 …………………………………………… 115
6.2 研究展望 …………………………………………………… 119

参考文献 ……………………………………………………………… 121

第1章 绪 论

1.1 植被变化下的水文响应研究背景及意义

水是支撑生命、生态系统和人类社会的基本自然资源，水循环（也称"水文循环"）的研究对于社会可持续发展至关重要。水循环指的是由太阳辐射和重力所驱动的海洋—大气—陆地的相互作用以及水和能量的交换。地球的水循环联系着大气圈、岩石圈、生物圈和人类圈之间的相互作用，同时也受到人类活动和社会经济发展的深刻影响（Yang et al.，2021）。随着近期气候和土地利用的快速变化，全球水循环正在经历高度的时空变异，这导致了许多与水相关的问题，对人类的水安全构成了威胁。在全球变暖的背景下，大气系统的变化加速了水循环的时空变化（Milly et al.，2005；Taylor et al.，2013），并加剧了全球和区域水资源短缺（Schewe et al.，2014）。以温度上升和更频繁的极端事件为特征的气候变化，如热浪、暴雨、洪水、突发干旱和持续干旱，已成为科学界、政府和公众的关键关注点（Hao et al.，2018）。人类通过温室气体排放、土地利用改变以及水资源保护项目和取用水等活动影响地表能量平衡和水循环（Haddeland et al.，2014；

汤秋鸿 等，2015；Wada et al.，2017）。人口的快速增长和消费水平的提高给世界水资源带来了前所未有的压力（Dosdogru et al.，2020）。大量研究都开始关注这些全球变化对水资源的影响（Piao et al.，2007；Piao et al.，2010；Zhou et al.，2015；Tang，2020；Yang et al.，2021）。因此，更好地了解变化环境下的水循环和水资源已成为环境和自然资源研究的关键问题（王浩 等，2010；Braga et al.，2014；Xia et al.，2017）。

植被控制着陆地和大气之间碳、水、动量和能量的交换，是连接水圈、生物圈和大气圈的纽带（Bonan et al.，1992）。植被变化对流域水文过程的影响，最近引起了广泛的科学关注。大量研究表明，20世纪80年代以来，全球大部分地区（尤其是北方高纬度地区）陆地植被生长总体呈增加趋势（Peel et al.，2010；Zhu et al.，2016；Zeng et al.，2018a；Zeng et al.，2018b；Chen et al.，2019；Piao et al.，2020），这一现象被称为植被覆盖增加。基于MODIS（Moderate Resolution Imaging Spectroradiometer）数据集的分析显示2000—2017年间全球植被叶面积增加了约540万km^2，相当于整个亚马孙雨林的平面面积（Chen et al.，2019）。1982—2012年全球植被叶面积指数（LAI，单位陆面面积上植物叶片总面积所占比例，m^2/m^2）显著增加了约8%（Zhu et al.，2016；Zeng et al.，2018）。植被覆盖增加是由一系列的直接和间接因素造成的。直接因素是指人为土地利用管理，间接因素包括气候变化、CO_2施肥效应、氮沉降等（Piao et al.，2015；Zhu et al.，2016；Piao et al.，2020）。其中，CO_2施肥效应被认为是造成全球植被叶面积增加的主要驱动因素，其解释了70%的植被覆盖增加趋势（Zhu et al.，2016）。

植被在陆地水循环中发挥着重要的调节作用，对流域水文过程能够产生深远影响（Ivanov et al.，2008；Yang et al.，2009；Thompson et al.，2011）。其主要表现为：①植被通过冠层截留可以拦截部分降水，最终通过蒸发返回大气中；②植被的根系吸水和气孔蒸腾直接影响了流域的水量分配；③植被改变了地表糙度，从而影响汇流过程；④从能量平衡角度来看，植被还通过影响地表反照率、发射率以及到达冠层和土壤的能量比例直接决定了地表能量的输入输出状态（Bai et al.，2020）。植被覆盖增加通过吸收更多的大气二氧化碳和蒸腾降温等过程，显著减缓了全球气候变暖；植被覆盖增加对蒸腾的促进作用同时也加剧了全球水循环（Piao et al.，2020）。鉴于植被在陆地水循环中的重要性，深入探究植被变化下的水文响应具有重要意义。

20世纪80年代以来，中国也经历了广泛的植被覆盖增加趋势（Peng et al.，2011；Piao et al.，2015）。中国的植被面积仅占据全球6.6%，但却贡献了全球2000—2017年间绿叶面积增加量的25%（Chen et al.，2019）。自20世纪80年代以来，中国的植被覆盖经历了巨大变化，叶面积指数增加10%，森林面积增加4150万hm^2（中国总面积的4.3%）（Li et al.，2018）。中国植被覆盖增加一定程度上归因于中国政府为了防治土地荒漠化和缓解气候变暖而陆续实施的一系列大规模生态保护修复工程，包括"三北防护林工程"（自1978年起）、"天然林保护工程"（自1998年起）和"退耕还林工程"（自1999年起）等（Cao et al.，2011；Chen et al.，2015；Zhang et al.，2016）。这些工程显著增加了中国的森林覆盖率。森林资源清查数据显示20世纪80年代以来中国森林覆盖率从13%提升至23%。其中黄土高原植被变化最为显著，该区域2000—2010年期间的植被覆盖面积增加了25%（Feng et al.，2016）。植被恢复可以通过增加植被净初级生产力（NPP）来增强陆地碳汇（Lu et al.，2018；Du et al.，2021），从而减缓气候变暖，对中国在2060年前实现碳中和也有促进作用（王国胜 等，2021）。但是，大量研究认为植被覆盖增加引起蒸散发（ET）的增加，从而使得土壤水含量和径流量减小（Brown et al.，2005；Liu et al.，2016；Li et al.，2018；Zeng et al.，2018；Bai et al.，2020；Li et al.，2021）。植被覆盖增加对水资源的负面影响在中国北方干旱半干旱区域表现尤为显著（Liu et al.，2016；Feng et al.，2016；Li et al.，

2018；Bai et al.，2020)。例如，在黄土高原地区实施的"退耕还林"大规模植被恢复计划导致 NPP 和 ET 增加，但同时新种植的植被也显著增加了生态系统的需水量，这可能会引起人类和生态系统之间的水需求矛盾 (Feng et al.，2016)。植被覆盖增加可能会加剧水资源有限地区的缺水状况，导致中国水资源空间分配更加不均 (Sun et al.，2006；Zhou et al.，2015；Liu et al.，2016；Zhang et al.，2017；Bai et al.，2019；Bai et al.，2020)。因此，准确评估植被变化对中国水循环的影响对中国水资源管理和可持续发展具有深远的现实意义。

1.2 国内外研究现状

1.2.1 植被变化下水文响应研究方法

研究植被变化下水文响应的方法主要分为三类：①配对流域实验；②经验方法；③水文模拟法。

1.2.1.1 配对流域实验

配对流域实验是研究植被变化下水文响应最直接和最古老的方法，一般有两种形式：一种是选择两个气候、地形、土壤和植被等环境条件较为接近的相似流域，通过改变其中一个流域的植被状况，对比两个流域水量平衡差异来确定植被变化对水文的影响；另一种是针对同一个流域不同时段，如种植/采伐前后流域水量平衡的变化的比较。配对流域实验的研究已有较长历史，早在 1909 年，在美国科罗拉多州南部的 Wagon Wheel Gap 就建立了世界上第一个配对流域实验 (Bates，1928)，此后，配对流域实验作为评估植被变化对水资源影响的方法在全世界被广泛应用 (Hibbert，1967；Bosch et al.，1982；Scott et al.，1998；李文华 等，2001；Robinson et al.，2003；Bruijnzeel，2004；Andreassian，2004；Brown et al.，2005；Wei et al.，2008)。1967 年，Hibbert (1967) 通过总结全球 39 个流域实验结果发现，降低森林覆盖率能够提高产水量（降水量与实际蒸散发量的差值），在植被稀少的地区植树造林会减少产水量。1982 年，Bosch and Hewlett（1982）更新了 Hibbert 的综述结果，将流域实验数量增加至 99 个，更加全面地概述了植被变化对水资源的影响，也推动了更精细的流域实验设计趋势。另外，Andreassian（2004）对整个 20 世纪的 137 个配对流域实验进行了概述，从历史的角度阐述了关于森林水文影响的争论。在此基础上，Brown et al. （2005）进一步总结了全球 166 个配对流域实验结果，确定了由植被永久性变化引起的不同时间尺度上的产水量变化。Brown 等将配对流域实验分为四大类，分别是造林实验、砍伐实验、再生长实验和森林转化实验，并强调以往研究仅利用再生长实验可能存在低估产水量变化的情况。以上均是不同学者对全球配对流域实验结果的综述，其促进了对全球不同范围、不同时间尺度下植被变化对水资源影响的初步认识，在量化植被与径流量之间的关系方面提供了可靠结果。全球不同国家和地区涌现出很多有影响的配对流域实验，如美国的 Coweeta 流域实验（Swank et al. , 1988）、英国的 Plynlimon 流域实验（Kirby et al. , 1991）等。聚焦到中国，森林流域实验研究开始于 20 世纪 60 年代，主要探究森林植被覆盖率变化和流域径流量变化之间的关系，包括植被变化对年径流量以及其季节分配、洪水过程、洪量和径流组合变化等方面（李文华 等，2001）。Wei et al. （2008）回顾了过去 100 年全球配对流域实验的主要发现，总结了中国过去 40 年森林管理和径流变化关系研究的进展，并对未来中国森林-径流研究方向提供了建议。

配对流域实验因其能够直观地显示植被变化对流域水文过程的影响，被认为是评估相对较小流域植被变化与径流之间关系的有效方法，但在实际应用中也存在一定的局限性：①配对流域实验研究通常选择面积较小的流域，例如 Brown et al. （2005）总结的 68 组配对流域实验中，仅有 16 组两个流域面积均超过 $1km^2$。世界范围内配对流域平均面积一般为 $80hm^2$，其中面积为 $50\sim100hm^2$ 的流域被普遍采用

(Bosch and Hewlett，1982）。由于大尺度流域具有更丰富的地貌（湿地、池塘、湖泊等）和土地利用（农业、城镇用地等），其水文过程更加复杂，造成了水文控制因素的多样性，因此，小流域实验的结果很难推广至大流域（Wei et al.，2008）。②研究周期长，可对比性差，实际上无法找到两个地理和气候条件完全一致的流域，即使是对于同一流域前后时期的对比，也很难保证除植被状况之外的其他条件是相同的，因此，配对流域实验水量平衡对比结果中的差异可能是由于植被以外的其他因素造成的。使用配对流域实验方法评估植被变化对水资源的影响可能会得出不同结论，可靠性较低（陈军锋 等，2001）。

1.2.1.2 经验方法

经验方法的典型代表就是 Budyko 水热耦合平衡模型（Budyko，1974）。1974 年，著名气候学家 Budyko 研究发现，陆面多年平均实际蒸散发受大气水分供给条件（主要指降水量 P）和能量供给条件（主要指有效净辐射或潜在蒸散发量 PET）之间的平衡关系所控制，并给出了陆面蒸散发的边界条件：陆面极端湿润（充分供水）的条件下，实际蒸散发主要由能量控制，可用于蒸散发的能量全部转化为潜热，即 $PET/P \to 0$ 时，$ET/PET \to 0$；而当陆面在极端干燥的条件下，实际蒸散发主要由水分控制，可用于蒸散发的水分全部转化为实际蒸散发，即 $PET/P \to \infty$ 时，$ET/PET \to 1$。在此基础上，提出了满足此边界条件的水热耦合平衡方程的一般形式，即将多年平均实际蒸散发表示为 P 和 PET 的经验函数（Budyko，1974）：$ET/P = f(PET/P) = f(AI)$，其中 $AI = PET/P$ 为干旱指数（干燥度）；f 为满足以上边界条件并独立于水量和能量平衡的普适函数（统称为 Budyko 公式）。Budyko 水热耦合平衡理论描述了多年尺度上降水量在流域实际蒸散发和径流之间的分配规律。

随着 Budyko 水热耦合平衡理论的提出，Budyko 公式在全世界得到了广泛应用和发展。但最初的经验公式仅使用气候条件来描述水热平衡关系，并未考虑下垫面变化对蒸散发的影响。实际上，流域水量平衡除了受到气候因素的影响,同时还受到植被、土壤和地形等下垫面条件的控制(董磊华 等,2012;Berghuijs et al.,2017;Feng et al.,2020;Yang et al.,2021;Li and Quiring,2021)。因此,为了进一步准确刻画流域水热耦合平衡关系,国内外学者开始在Budyko公式中耦合表征下垫面的因子,发展了多种形式的经验公式,推动了Budyko水热耦合平衡理论的发展(傅抱璞,1981;Choudhury,1999;Zhang et al.,2001;Yang et al.,2008;Xu et al.,2013;Li et al.,2013;Zhou et al.,2015;曹文旭 等,2018;Li et al.,2019)。其中比较著名的有傅抱璞公式[式(1.1)](傅抱璞,1981;Zhang et al.,2004)和Choudhury–Yang公式[式(1.2)](Choudhury,1999;Yang et al.,2008)。

$$\frac{ET}{P}=1+\frac{PET}{P}-\left[1+\left(\frac{PET}{P}\right)^{\omega}\right]^{1/\omega} \quad (1.1)$$

式中:ω为水热耦合控制参数,ω通常大于1,默认为2.6。

$$ET=\frac{PET \cdot P}{(P^n+PET^n)^{1/n}} \quad (1.2)$$

式中:n为流域下垫面特征参数,表征地形、土壤和植被等。

近几十年来,随着Budyko水热耦合平衡理论的快速发展,Budyko公式被广泛应用于评估气候变化和下垫面变化对水资源的影响(Zhang et al.,2016;Wei et al.,2017;Zhang et al.,2018;曹文旭 等,2018;Li et al.,2019;Luo et al.,2020;彭涛 等,2021;张建云 等,2021)。该类方法一般基于弹性系数法分析径流或蒸发对于气候因素(P和PET)和下垫面条件(参数ω、n等)的敏感性,从而确定不同因素对水循环变化的影响和相对贡献,并通过构建参数与植被特征(如LAI等)的关系,进一步分析植被变化对水循环变化的影响。其基本步骤为:①选择Budyko公式形式,基于水文气象数据率定出表征下垫面条件的参数;②建立参数与流域植被特征的经验关系;③基于Budyko公式和参数与植被特征的经验关系推导出径流或蒸发对于植被或者其他因素的弹性系数，并计算其相对贡献，进而量化气候变化和植被变化对水循环的影响。以 Choudhury – Yang 公式为例，具体推导过程如下：

$$R = P\left(1 - \frac{\text{PET}}{(P^n + \text{PET}^n)^{1/n}}\right) \quad (1.3)$$

$$dR = \frac{\partial R}{\partial P}dP + \frac{\partial R}{\partial \text{PET}}d\text{PET} + \frac{\partial R}{\partial n}dn \quad (1.4)$$

$$\varepsilon_P = \frac{\partial R}{\partial P}\frac{P}{R}, \quad \varepsilon_{\text{PET}} = \frac{\partial R}{\partial \text{PET}}\frac{\text{PET}}{R}, \quad \varepsilon_n = \frac{\partial R}{\partial n}\frac{n}{R} \quad (1.5)$$

$$\frac{dR}{R} = \varepsilon_P \frac{dP}{P} + \varepsilon_{\text{PET}} \frac{d\text{PET}}{\text{PET}} + \varepsilon_n \frac{dn}{n} \quad (1.6)$$

$$\varepsilon_{\text{LAI}} = \frac{\partial R}{\partial \text{LAI}}\frac{\text{LAI}}{R} = \frac{\partial R}{\partial n}\frac{\partial n}{\partial \text{LAI}}\frac{\text{LAI} \cdot n}{R \cdot n} = \varepsilon_n \frac{\partial n}{\partial \text{LAI}}\frac{\text{LAI}}{n} \quad (1.7)$$

$$\frac{\Delta R_{\text{LAI}}}{R} = \varepsilon_{\text{LAI}} \frac{\Delta \text{LAI}}{\text{LAI}} \quad (1.8)$$

式中：R 为产流量，多年平均尺度上，根据水量平衡，$R = P - \text{ET}$；ε_P、ε_{PET} 和 ε_n 分别为 P、PET 和参数 n 的弹性系数，可根据 Budyko 公式推导；ε_{LAI} 为 LAI 的弹性系数，可根据参数 n 与 LAI 的经验关系及 Budyko 公式推导；ΔR_{LAI} 为植被（LAI）变化引起的多年平均产流量变化。

Budyko 框架为定量评价区域水量平衡对植被变化的响应提供了有效的工具，例如 Zhang et al.（2016）通过建立中国 52 个流域 Budyko 参数与植被变化（以植被吸收的光合有效辐射比例来表示）之间的关系，并在 Budyko 框架中引入产流的弹性系数概念，定量评估了植被变化对不同气候区流域多年平均产流量的影响，结果表明产流变化在干旱区域对植被变化相对更敏感。在此基础上，Luo et al.（2020）将 Zhang et al.（2016）的研究扩展到了全球，量化了 Budyko 参数对全球 663 个流域 LAI 的敏感性，然后基于 Budyko 框架和弹性系数法探究了气候和植被对全球产流变化的影响，强调了植被在调节干旱区域产流变化中的重要性。

Budyko公式是解析气候、植被与水文相互作用关系的重要概念框架，其优势在于原理简单，参数少且率定容易，能够分离气候和下垫面特征对流域水文过程的影响。然而，基于Budyko框架的植被变化下水文响应研究也存在一定的不确定性：①Budyko公式中下垫面参数并不完全受植被特征的控制，还有气候条件、地形和土壤特征以及人类活动等的影响；②所构建的Budyko参数与植被特征的经验关系是基于特定流域和特定时期的，缺乏参数与植被特征之间相互作用的普适性和物理机制的解释，这就导致经验关系的形式在不同研究之间差异很大，限制了人们对植被变化下水文响应的统一的物理机制理解，以及影响了对未来植被变化下水文过程的预测；③Budyko理论的应用大多是在多年平均尺度和流域尺度上，无法反映流域水文过程的时空分布，并且忽略了流域蓄水量变化，容易造成模拟误差。

1.2.1.3 水文模拟法

水文模拟法主要指的是利用基于过程的生态水文模型和大尺度陆面模式的数值情景模拟实验来评估植被水文效应，其将考虑植被变化和不考虑植被变化之间的水量平衡模拟差异视为植被对水循环的影响（Tague and Band，2004；刘志勇 等，2009；邓慧平，2010；Li et al.，2011；Davie et al.，2013；Shen et al.，2013；Lei et al.，2014；Zhang et al.，2015；Liu et al.，2016；Bai et al.，2019；魏玲娜 等，2019；Meng et al.，2020）。其中基于过程的生态水文模型是对流域水文过程和生态过程及其相互作用进行综合模拟的模型，通过系列连续性控制方程，刻画大气、植被和土壤之间水文和生态相互作用过程中的水量、能量和碳通量传输。水量传输主要反映的是自然水文循环过程，包括陆面蒸散发（植被蒸腾和土壤蒸发）、土壤水运动、植被根系吸水、产汇流等；能量传输主要包括冠层和土壤能量收支，如辐射、潜热、显热、土壤热通量等；碳传输主要表现为植被的光合作用和呼吸作用（雷慧闽，2011；徐宗学 等，2016；张树磊，2018）。代表性的生态水文模型有 RHESSys（Tague and Band，2004；彭辉，2013）、BEPS（Liu et al.，2016）、Biome-BGC（Du et al.，2021）和 VIP（Bai et al.，2019）等。该类模型因其能够模拟植被生长过程和水循环过程及其相互作用，而被广泛应用于植被变化下的水文响应研究中。如 Liu et al.（2016）利用基于过程的生态系统模型 BEPS 来评估植被变化对中国实际蒸散发和产水量年际变化的影响。Du et al.（2021）通过综合考虑生物地球化学过程的 Biome-BGC 模型模拟探究了中国西北宁夏盐池县典型荒漠草原地区人为植被恢复对水碳循环的影响。

陆面模式（Land Surface Model，简记为 LSM）是地球系统模式（Earth System Model，简记为 ESM）的组成部分，指通过数学的方法表征一系列复杂的陆面过程，包括发生在陆面和土壤中的所有物理、化学、生物过程及其与大气的相互作用，如降水、蒸发蒸腾、地表径流、地下水运动、融雪等水文过程，大气悬浮物沉落、气溶胶传输等物质交换过程，模拟陆气之间的能量、动量和水碳氮循环的模型（Clark et al.，2015；戴永久，2020；王龙欢 等，2021）。陆面模式的发展经历了从 20 世纪 60 年代建立在水量平衡基础上的简单模式［第一代，如水桶模型（MANABE，1969）］，到 20 世纪 80 年代开始将植被生物物理过程引入，考虑土壤—植被—大气间复杂相互作用的生物物理模式［第二代，如"大叶"模型（Deardorff，1978）］，再到 20 世纪 90 年代耦合了植被光合作用、呼吸作用等关键植被生理与生态系统过程的生物化学模式［第三代，如 CLM（Community Land Model）（Oleson et al.，2010）］三个阶段。随着陆面模式的快速发展，其对陆面过程的描述更加精细化，包含的过程也更加完备，尤其在考虑植被动态过程后，陆面模式成为评估植被变化对水文过程影响的有效手段，在全世界被广泛应用（Li et al.，2011；Frans et al.，2013；Shen et al.，2013；Lei et al.，2014；Xie et al.，2015；Xi et al.，2018；Meng et al.，2020；Qiu et al.，2021）。如 Qiu et al.（2021）和 Lei et al.（2014）分别利用 CLM 定量评估了气候变化和植被变化对黄土高原蒸散发和海河流域径流的影响。另外最近有学者指出大量研究是以离线方式运行陆面模式来分离不同驱动因素（如气候、植被）对水循环变化的贡献，而离线方式无法考虑不同驱动因素之间的相互作用（Meng et al.，2014；Li et al.，2018；Zeng et al.，2018）。例如植被覆盖增加增强蒸散发过程，同时增加了大气中的水汽含量，从而促进了顺风向降水（van der Ent et al.，2010；Teuling et al.，2017）。植被对降水的反馈作用可能进一步影响水循环的变化，如植被覆盖率增加对中国华北地区降水的促进作用削弱了其引起的土壤水分干燥（Li et al.，2018）。因此，未来需要关注陆面模式与气候模型的耦合模拟应用。

目前陆面模式模拟还存在很大的不确定性（高艳红 等，2021），其来源主要有：①气象驱动数据误差。陆面模式模拟性能很大程度上依赖于气象驱动数据的准确性（Guo et al.，2006；Zhang et al.，2016；武洁 等，2020），其中降水对模拟结果的影响最大（Wang and Zeng，2011；Gao et al.，2020）。另外，部分区域气象观测站点的稀疏分布也严重限制了基于观测的网格化驱动数据产品的精度（Gao et al.，2015）。②模型结构缺陷。陆面模式对物理过程的概念化描述还存在不足，尤其产汇流机制还不够完善，径流模拟存在一定偏差（Sahoo et al.，2008；Li et al.，2017）。③参数化困难。陆面模式结构复杂，具有大量参数，然而目前很多关键参数难以通过实测获得，通常根据经验赋值，且大多未考虑空间分异性，大规模参数优化也面临挑战，尤其是在观测资料不完善的区域（Perrin et al.，2001；李敏 等，2015；占车生 等，2018；Zhang et al.，2021）。另外，尽管陆气耦合模型能够考虑降水对植被变化的响应，但目前模型对降水的模拟还存在一定偏差，可能会导致模型对土壤水分响应的不确定性（Zeng et al.，2018）。

随着卫星遥感技术的发展，大尺度范围且高时空分辨率的地表特征和植被动态数据变得容易获取（Zhang et al.，2016）。因此，越来越多的研究开始利用基于遥感的蒸散发模型探究植被覆盖变化对蒸散发过程的影响（Zhang et al.，2015；Zhang et al.，2016；Feng et al.，2016；Li et al.，2017）。例如基于 Penman–Monteith（PM）方程（Penman and Keen，1948；Monteith，1965）的模型，其具有明确的物理意义，能够反映蒸散发的辐射和空气动力学控制作用，适用于多种气象条件（Zhang et al.，2016；Bai and Liu，2018）。在遥感 PM 模型，遥感植被指数（如 LAI，植被归一化指数 NDVI 等）一般用于表面阻抗（控制蒸散发速率的关键参数）的参数化，或用于划分到达植被冠层和土壤表面可用能量的比例，从而计算 ET 的两个组分：植被蒸腾和土壤蒸发（Leuning et al.，2008；Zhang et al.，2008）。遥感 PM 模型应用的一个主要挑战是对蒸散发的土壤水分胁迫的参数化，目前的模型没有直接考虑土壤水分胁迫，而是用近地表水汽压差（VPD）来间接反映土壤水分供给对蒸散发的约束（Mu et al.，2011；Bai et al.，2017），这种简化存在很大的不确定性（Morillas et al.，2013）。一些研究尝试将遥感蒸散发模型与水文模型耦合，充分利用遥感植被动态信息，将遥感 ET 估算值纳入流域水量平衡框架中进行约束（Li et al.，2009；Zhou et al.，2013；Bai et al.，2018；Bai et al.，2020）。这种耦合模型解决了遥感蒸散发模型对土壤水分胁迫估计不准的问题，并且其通常具有较少的模型参数，相对于复杂的陆面模式，参数率定更容易。另外，大量研究表明，在水文模型中考虑植被动态信息能够提高水文模拟精度（Ivanov et al.，2008；Donohue et al.，2010；Parr et al.，2015；Tesemma et al.，2015；Bai et al.，2018）。因此，遥感蒸散发模型与水文模型的耦合也成为量化植被变化对水文过程影响的另一有效手段。如 Bai et al.（2020）将基于过程的概念性水文模型 abcd 与遥感 PM 模型耦合，定量评估了植被变化对中国蒸散发和产流的影响，该研究为探究植被变化对中国区域水循环的影响提供了一个新的有效方法。遥感蒸散发模型与水文模型的耦合有望在模型复杂性与模拟性能之间取得良好平衡，在植被变化下水文响应研究中有一定的优势，在变化环境下水文模拟中有很大的应用前景。

1.2.2 气候变化和植被变化对水循环的影响

1.2.2.1 气候变化对水循环的影响

气候变化被定义为主要由自然系统和人类活动引起的温室气体排放导致的气候模式转变（Fawzy et al.，2020）。由于温室气体的排放，全球气候正逐渐变暖。联合国政府间气候变化专门委员会（IPCC）特别报告《全球升温1.5℃》（*Global Warming of 1.5℃*）指出，迄今为止，全球升温高于工业化前水平约1.0℃（0.8～1.2℃），而且，如果继续以当前的速率升温，全球变暖可能在2030—2052年期间达到1.5℃（IPCC，2018）。最新发布的IPCC第六次评估报告《气候变化2022：影响、适应和脆弱性》（*Climate Change 2022：Impacts, Adaptation and Vulnerability*）强调，全球升温在近期达到1.5℃，将不可避免地造成多种气候灾害和当前生态系统、人类系统面临的多种风险的增长（IPCC，2022）。气候变化正成为各国政府和学者们关注的全球性热点问题之一（Yang et al.，2021）。对气候变化现实的认识始于1979年在日内瓦召开的第一次世界气候会议。而后，国际社会为应对气候变化问题采取了系列措施，如1979年启动世界气候研究计划（WCRP），1988年成立联合国政府间气候变化专门委员会（IPCC），1992年通过联合国气候变化框架公约（UNFCCC），1997年制定京都议定书，2015年通过巴黎协定等。2020年第75届联合国大会上中国明确提出2030年"碳达峰"与2060年"碳中和"目标（简称"双碳"目标），也表达了中国为应对气候变暖的决心（李高，2021）。

气候为水循环提供了水分供给和能量供给，是水循环的根本驱动力，气候变化对水循环和水资源造成了广泛的影响。IPCC第六次评估报告《气候变化2021：自然科学基础》显示，全球升温1.5℃时，热浪将增加，暖季将延长，而冷季将缩短，当全球升温2℃时，极端高温将达到人体健康和农业生产的临界耐受阈值；气候变化加剧水循环，引发洪水和干旱；整个21世纪，沿海地区的海平面将持续上升；进一步的变暖将加剧多年冻土融化，季节性积雪减少，冰川和冰盖融化，以及夏季北极海冰减少（IPCC，2021）。在全球变暖的背景下，大气系统的变化加速了水循环的时空变化，驱动降水、蒸散发等水文要素的变化（Dore，2005；董磊华 等，2012；Rummukainen，2013；Yang et al.，2021）。以温度上升和更频繁的极端事件为特征的气候变化，如热浪、暴雨、洪水、突发干旱和持续干旱，已成为科学界、政府和公众的关键关注点（Hao et al.，2018）。根据灾害流行病学研究中心（CRED）的紧急事件数据库（EM-DAT）的记录（CRED，2020），2019年全球共遭遇了396起自然灾害，超过了过去十年（2009—2018年）的平均数（343起），其中与气候变化有关的自然灾害有360起，包括16起干旱，21起极端气温，194起洪水，25起山体滑坡，95起风暴和14起野火。全球共有9500万人受灾，11755人死亡，经济损失为1030亿美元。亚洲遭受了最严重的影响，占灾害事件的40%，死亡人数的45%，受灾人数的74%。洪水是最致命的灾害类型，其造成了43.5%的死亡人数，其次是极端气温（25%，主要由欧洲的热浪事件引起）和风暴（21.5%）。

全球气候变化下，中国区域水循环也发生了显著的变化。研究表明，过去50年来中国经历了强烈变暖趋势（Ding et al.，2007；Ke and Wen，2009），自1960年以来，气温增加了1.2℃（Piao et al.，2010）。此外，中国北方的变暖速度要快于南方（Ding et al.，2007）。降水量没有表现出显著的长期变化趋势，但有明显的区域特征。1960—2006年中国东北相对干旱地区夏秋两季降水量逐渐减少，相比之下，较为湿润的南方地区在夏季和冬季的降水量有所增加，这与东亚夏季风的减弱密切相关（Yu and Zhou，2007；Piao et al.，2010）。近几十年来，中国极端事件（如极端降雨、热浪、干旱和洪水等）发生概率增加，尤其是在西北部和长江中下游地区（Zhai and Pan，2003；Gong et al.，2004；Zhai et al.，2005；Zhang et al.，2006）。

气候变化对径流的影响主要体现在两方面：一是改变降水导致径流变化；二是气温升高增加冰川融雪，进而影响径流。研究认为径流变化趋势与降水变化趋势有高度一致性（苏凤阁 等，2003；陈玲飞 等，2004）。自1960年以来，由于降水量的增加，长江中下游和珠江下游地区径流量分别增加了9.5%和12%，而黄河流域降水量的显著减少导致其径流量减少了30%（任国玉 等，2008）。气候变化引起水循环变化，改变了区域水量平衡，直接影响区域水资源分布，加剧了中国北方水资源供需矛盾和南方洪涝灾害的压力。

1.2.2.2 植被变化对水循环的影响

植被控制着陆地和大气之间碳、水、动量和能量的交换，是连接水圈、生物圈和大气圈的纽带（Bonan et al.，1992），其在陆地水循环中发挥着重要的调节作用，对流域水文过程能够产生深远影响（Ivanov et al.，2008；Yang et al.，2009；Thompson et al.，2011；Li et al.，2013）。植被通过在局部、区域和全球尺度上改变地表生物地球物理特性对水文循环产生显著的影响，主要表现形式是通过对降水截留、蒸腾、下渗和储存等过程影响降水和土壤水的再分配，以及通过改变下垫面、土壤结构等方式影响流域内径流的形成与转化（张永强 等，2020；Piao et al.，2020；Wang et al.，2021）。图1.1系统性地总结了植被在水循环关键过程中的生态作用，将基于叶片、冠层尺度的机理认识和模拟方法应用于生态系统和坡面尺度的水文过程的辨析与模拟，并进一步实现了向流域乃至全球尺度的推绎（Wang et al.，2021）。

陆地水分通过蒸散发过程损失到大气中，包括蒸腾和蒸发，其中蒸腾占总实际蒸散发量的60%~90%（Jasechko et al.，2013；Good et al.，2015；Lian et al.，2018）。植被覆盖增加增加了叶片面积来进行蒸腾作用，从而增加了水分损失（Bernacchi and VanLoocke，2015）。同时，叶片面积的增加也减少了进行土壤蒸发过程的裸露地表面积，但增加了被叶片截留的降水的再蒸发量（Zhang et al.，2016）。因此，植被覆盖增加可能导致净蒸散发量的增加或者减少。大量基于遥感估计

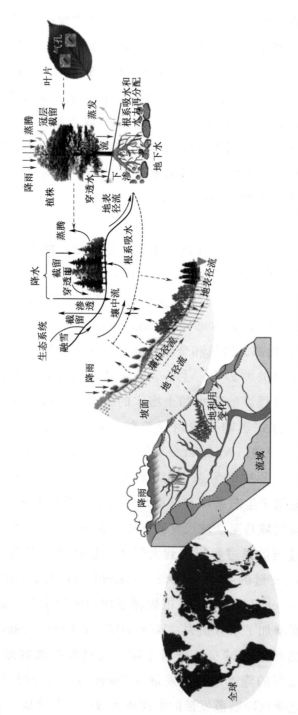

图1.1 陆地植被生态水文过程与跨尺度递进关系（Wang et al., 2021）

的 ET 结果一致显示，过去 40 年全球陆地 ET 显著增加，这表明伴随着全球植被覆盖增加趋势，陆地和大气之间的水分交换加剧（Zeng et al.，2018）。自 20 世纪 80 年代以来，全球 ET 增加的一半以上都归因于植被覆盖增加（Zhang et al.，2016；Zeng et al.，2018）。

通过控制 ET 的变化，植被覆盖增加也改变了区域之间的水资源分布（土壤、河流和大气中的水）。假设降水不会随着植被覆盖增加而改变，植被覆盖增加引起的 ET 增加将减少土壤水分和径流，这会加剧流域范围内的干旱（Bosch et al.，1982）。然而，当使用考虑植被覆盖增加引起的 ET 增加和随之而来的降水变化的地球系统模型时，仅根据卫星观测到的 LAI 趋势进行的模拟不会在大陆或全球尺度上产生土壤水分或径流的显著变化（Li et al.，2018；Zeng et al.，2018）。这是因为植被覆盖增加引起的 ET 增强增加了大气水汽含量，进而促进了顺风向降水（van der Ent et al.，2010；Teuling et al.，2017）。除了在年际尺度上增强水循环，植被覆盖增加还引起季节性水文变化。研究表明，春季绿化增强的 ET 会导致土壤水分含量降低，这会持续到下一个夏季，并可能抑制植被生长并增加热浪的风险（Buermann et al.，2018；Lian et al.，2020）。

1980 年以来，中国经历了广泛的植被覆盖增加趋势，叶面积指数增加了 10%，森林面积增加了约 4150 万 hm^2（Piao et al.，2015；Li et al.，2018）。一些研究表明，植被覆盖增加使中国不同区域的径流和土壤含水量减少（Sun et al.，2006；Liu et al.，2016；Bai et al.，2020）。例如，Sun et al.（2006）指出植树造林可能会使中国北方半干旱地区（黄土高原）和南部地区的产水量分别减少约 50mm/a（50%）和 300mm/a（30%）。在过去 60 年中，黄土高原地区的河流径流量以 0.25km^3/a 的速度下降（Wang et al.，2016）。植被变化对全国年平均 ET 和 R 趋势的贡献分别为 0.25mm/a 和 -0.16mm/a（Bai et al.，2020）。植被覆盖增加对水资源的负面影响同样会加剧中国北方地区的缺水状况，导致水资源空间分配更加不均。尽管有大量研究探究了植被变化对中国水循环的影响，但大部分研究是在流域或区域尺度上进行的，如黄土高原地区（McVicar et al.，2007；Feng et al.，2016；Shao et al.，2019）、三北地区（Xie et al.，2015；Meng et al.，2020；Xie et al.，2020），全国尺度上的评估较少，亟须开展中国不同区域植被变化下的水文响应研究。

1.2.2.3 气候和植被对水循环变化的相对贡献

气候和植被是水循环变化的两大主要驱动因素，特别是对大尺度森林流域的径流变化有显著影响，定量评估气候变化和植被变化对水循环的影响和相对贡献对水资源高效利用和可持续发展有现实意义（Zhou et al.，2015；Zhang et al.，2016；Wei et al.，2017）。以往开展的研究大多只关注气候（J. et al.，2000；Arnell，2004；Piao et al.，2010；Schewe et al.，2014）或植被（Liu et al.，2016；Li et al.，2018；Bai et al.，2020）单一变化对流域水文过程的影响，很少在全球或全国尺度上定量分析两者及相互作用对水循环变化的相对贡献。并且，已有对气候和植被对水循环影响的评估在不同尺度不同区域上会出现不一致的结果。

部分研究认为植被是驱动水循环变化的主导驱动因素，如 Bai et al.（2019）指出黄土高原延河流域 2000—2016 年 ET 年际变化趋势超过 90% 都归因于植被变化。Jin et al.（2017）认为植被变化是黄土高原地区 ET 年际变异的主导驱动因素。李慧赟等（2012）表明相对于气候变化而言，植被变化对澳大利亚 Crawford River 流域的径流量影响更显著。全球评估结果也表明植被变化主导驱动了全球 ET 变化趋势（Zhang et al.，2015），其导致了超过 50% 的全球 ET 增加（Zeng et al.，2018）。但是，有大量研究认为气候变化是水循环变化的主导驱动因素，如 Qiu et al.（2021）表明气候变化对黄土高原的 ET 年际变异起主导作用。研究表明降水变化是海河流域（Lei et al.，2014）和三北地区（Xie et al.，2015；Meng et al.，2020）水文要素变化的主要原因。在国家尺度上，气候变化相对于土地利用变化对中国 2001—2013 年 ET 的影响更显著（Li et al.，2017），气候变化（主要是降水变化）对中国1979—2015年河流径流量变化的贡献超过了90%。在全球尺度上，植被变化对年径流变化的相对贡献达30.7%±22.5%，其余归因于气候变化（Wei et al.，2017）。而在鄱阳湖流域的一项研究表明森林变化（森林砍伐或植树造林）和气候变异之间产生了抵消效应，即森林变化与气候变异对径流的影响是相当的（Liu et al.，2015）。另外，有学者基于Budyko公式在大尺度上（国家或全球）评估了气候变化和土地利用变化（植被变化）对水循环的影响，结果表明变化环境下的水文响应具有高度空间异质性，且相对干旱区域的植被变化能够引起更显著的水文响应，即该区域的水文要素对植被变化相对更敏感（Zhou et al.，2015；Zhang et al.，2016；Luo et al.，2020）。由此可见，在不同尺度或不同区域上，植被变化和气候变化对水循环影响的相对贡献是不同的，尽管是在同一区域，不同学者基于不同方法得出的结论也可能出现差异，如Jin et al.（2017）和Qiu et al.（2021）针对黄土高原地区ET年际变异的主导驱动因素分析得出了相反的结论。因此，准确定量评估气候变化和植被变化对中国水循环变化的影响和相对贡献是迫切需要解决的问题。

1.3　植被变化下的水文响应已有研究的不足

基于以上对国内外研究进展的总结，尽管已有大量研究对植被变化下的水文响应进行了探究，但目前的研究仍存在以下问题。

（1）研究方法的不确定性。目前研究植被变化对水文过程影响的常用方法包括配对流域实验法、经验方法和水文模拟法。

配对流域实验法假设两个或多个流域之间具有相似的气候和地理条件，通常只适用于小流域，其结果难移植至大流域中，且研究周期长，可对比性差。

经验方法主要是基于Budyko框架的方法，其将流域水文过程描述为大气水分供给（降水）和需求（潜在蒸散发）以及下垫面特征参数之间的动态平衡，能够分离气候和下垫面特征对流域水文过程的影响，但是其参数受到植被以及多种环境特征的影响，所构建的经验关系缺乏普适性和物理机制解释，通常只能应用在流域尺度和多年平均尺度，无法反映水文要素时空分布。

水文模拟法主要基于生态水文模型和大尺度陆面模式的数值模拟实验来确定植被变化下的水文响应，其不确定性主要来源于气象驱动数据的误差、模型结构缺陷以及参数化的挑战。该类模型描述了详细的植被生态过程，具有复杂的模型结果，一些陆面模式甚至考虑了植被变化和水文过程之间的相互作用。然而，这些模型通常包含大量自由参数，观测资料不完备区域的大规模参数化存在挑战，模型复杂性也是阻碍此类模型大规模应用的重要原因。

（2）驱动因素和研究尺度的局限性。气候和植被是水循环变化的两大主要驱动因素，特别是对大尺度森林流域的径流变化有显著影响，以往开展的研究大多只关注气候或植被的单一变化对流域水文过程的影响，且大多研究集中于流域或区域尺度（黄土高原、三北地区等），很少有在全国尺度上定量分析两者及其相互作用对水循环变化的影响和相对贡献。

（3）研究结论的差异性。现有关于气候变化和植被变化对水循环影响的研究在不同区域不同尺度上会产生不同的结论，甚至在相同区域上，不同学者基于不同方法可能会得出相反的结论。目前有关气候变化和植被变化对水循环影响的相对贡献仍缺乏统一结论，中国不同区域上气候变化和植被变化下的水文响应以及主导驱动因素识别还有待进一步探究。

1.4 本书研究内容与技术路线

1.4.1 研究内容

基于以上分析，本书拟针对"气候变化和植被变化对中国水循环的影响和相对贡献"这一科学问题，主要开展以下三个方面的研究内容。

（1）将遥感蒸散发模型（Penman - Monteith - Leuning，简记为PML）与分布式时变增益模型（Distributed Time Variant Gain Model，简记为DTVGM）耦合，构建考虑植被动态信息的大尺度分布式水文模型（简记为DTVGM - PML），并实现中国高分辨率的模型率定与验证，为本书的研究提供核心工具。

（2）基于机器学习技术挖掘模型参数与物理属性（土壤和地形特征）之间的响应关系，构建全国尺度DTVGM - PML的模型参数区域化方案，并与传统线性回归模型进行对比验证，最后分析不同物理属性对于模型参数的相对重要性，试图解析模型参数的物理机制。

（3）基于考虑植被动态信息的大尺度分布式水文模型DTVGM - PML，分析中国水循环演变规律，并利用因子控制实验进行情景模拟，定量评估气候变化和植被变化对中国水循环的影响和相对贡献，探究中国不同区域气候变化和植被变化下的水文响应。

1.4.2 技术路线

基于以上研究内容，本书的技术路线如图1.2所示，分为模型构建、模型率定与验证、参数区域化方案构建以及驱动机制解析四个主要部分，分别对应本书第2章～第5章的内容。本书为深入探究气候变化和植被变化对中国水循环的影响这个关键的科学问题，首先构建了考虑植被动态信息的大尺度分布式时变增益模型DTVGM - PML，基于多变量率定框架和多源数据实现了中国高分辨率的模型率定与验证，然后构建了全国尺度DTVGM - PML水文模型参数区域化方案，最后利用因子控制实验进行情景模拟，解析了中国水循环变化的驱动机制。本书的章节组织如下：

第1章——绪论。介绍本书的研究背景及意义，综述国内外关于植被变化下水文响应研究方法及气候变化和植被变化对水循环影响的研

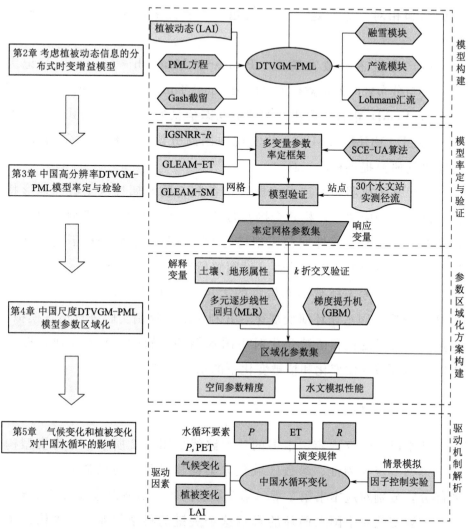

图 1.2 本书的技术路线图

究进展,总结目前研究存在的不足,给出本书的研究框架与内容。

第 2 章——考虑植被动态信息的分布式时变增益模型。改进分布式时变增益模型(DTVGM)的蒸散发模块,耦合基于物理过程的 Penman-Monteith-Leuning(PML)方程,并通过同化遥感植被动态输入,构建考虑植被动态信息的大尺度分布式时变增益模型 DTVGM-PML。

1.4 本书研究内容与技术路线

第 3 章——中国高分辨率 DTVGM–PML 模型率定与检验。基于多变量率定框架实现中国高分辨率网格尺度（0.25°×0.25°）的模型率定，然后利用多源数据分别从网格尺度（产流、蒸发、土壤含水量）和站点尺度（实测径流）对模型进行验证。

第 4 章——中国尺度 DTVGM–PML 模型参数区域化。利用机器学习算法（梯度提升机，GBM）挖掘 DTVGM–PML 产流参数与物理属性（土壤和地形特征）之间的响应关系，构建中国尺度 DTVGM–PML 模型参数区域化方案，识别模型参数在不同气候区的关键控制因子。

第 5 章——气候变化和植被变化对中国水循环的影响。分析中国植被变化趋势以及水循环演变规律，利用偏相关分析研究气候要素（P 和 PET）和植被要素（LAI）分别与水循环要素（ET 和 R）的相关关系，识别不同区域水循环变化的主导控制因子。然后基于 DTVGM–PML 进行情景模拟，定量评估气候变化和植被变化对中国水循环的影响和相对贡献。

第 6 章——总结与展望。总结全书的研究工作、主要结论及创新点，并对未来需要进一步探究的内容进行展望。

第 2 章 考虑植被动态信息的分布式时变增益模型

大尺度分布式水文模型可以对径流及其他水循环变量进行定量模拟和预测（Beven，2011；He et al.，2011），是水资源管理的重要工具（Montanari et al.，2013；Parajka et al.，2013；Zhang et al.，2020），在洪水预报、水资源评价、干旱预警等方面发挥关键作用（Randrianasolo et al.，2011；Bao et al.，2012；Mizukami et al.，2017；Pagliero et al.，2019；Yang et al.，2020；Guo et al.，2021）。传统的水文模型一般侧重于径流的模拟，而对蒸散发过程刻画比较简单（Guo et al.，2017；Bai et al.，2018）。在传统水文模型中估算实际蒸散发的常用方法是将其作为潜在蒸散发和土壤水分胁迫的函数来计算（Zhao et al.，2013）。这种经验函数存在一定的不确定性，首先，经验函数将土壤蒸发和植物蒸腾当作一个整体，而不是单独计算。实际上，这两个过程对环境因素有不同的敏感性（Wang et al.，2012）。其次，经验函数没有考虑植被变化对蒸散发过程的影响，季节性的植被动态过程会在植被冠层和土壤表面之间重新分配能量，从而引起实际蒸散发及其组分的变化。研究表明，植被的时空动态过程通过调节植物蒸腾作用而强烈影响陆地蒸散发通量（Gerten，2013）。因此，越来越多的学者强调了将植被变化信息纳入水文模型中来提高水文模拟精度的重要性（Donohue et al.，2010；Thompson et al.，2011；Gerten，2013）。

本章通过将分布式时变增益模型（Distributed Time Variant Gain Model，简记为 DTVGM）与遥感蒸散发模块（Penman - Monteith - Leuning，简记为 PML）方程耦合，构建了一个考虑植被动态信息的大尺度分布式水文模型 DTVGM - PML，从而增强了 DTVGM 蒸散发过程的物理机制描述。并将 DTVGM 整体框架进行重构设计，耦合 HBV 融雪模块与 Lohmann 汇流模块，介绍了 DTVGM - PML 完整的产汇流过程。DTVGM - PML 的构建为本书对植被变化下水文模拟与响应研究提供基础工具。

2.1 分布式时变增益模型的发展

1989—1999 年，夏军在爱尔兰国立大学（UGG）参加国际河川径流预报研讨班时提出了水文非线性系统时变增益模型（Time Variant Gain Model，简记为 TVGM）（Xia et al.，1997；夏军，2002；Xia，2002）。该模型的主要贡献是基于 UGG 收集的世界多个不同流域的水文长序列资料分析发现了产流过程中土壤湿度不同所引起的产流量变化的规律，即产流过程中增益因子并非常数，而是与土壤湿度相关，为时变增益因子。通过引入时变增益因子，模型可以描述水文循环系统降雨径流之间一般的非线性关系，并且从理论上推导其可以等价于复杂的 Volterra 非线性系统响应模型。该模型已经在国内外多个流域得到应用和检验（任立良，1994；王纲胜 等，2000；宋星原 等，2003；万蕙 等，2015）。结果表明，该模型能适用于不同气候条件下的径流模拟，不仅在湿润区效果显著，而且在受季风影响的半湿润、半干旱区和中小流域应用效果也较好（万蕙 等，2015）。王纲胜等（2000）将水文季节信息与 TVGM 耦合，建立了一种只需降雨径流资料的洪水预报方案。宋星原（2002）改进了 TVGM 中前期影响雨量的递推式，实现了中小流域短时段时变增益产流模拟。万蕙等（2015）

在传统 TVGM 单水源的基础上,增加地下水模块,改进并提出了多水源 TVGM,在淮河 13 个子流域应用效果较好。Song et al.（2015）基于回归方法将流域属性与 TVGM 参数建立联系,实现了无资料地区的径流预测。

分布式时变增益模型是将单元 TVGM 结合地理信息系统（GIS）和数字高程模型（DEM）拓展到流域分布式水文模拟的一种新的系统分析方法（夏军 等,2003;夏军 等,2004;Xia et al.,2005）。其建立在 GIS/DEM 的平台上,通过与 GIS 和遥感信息（RS）集成以及流域系统网格化过程提取流域水文特征参数信息,包括坡向、坡度、流域边界、汇流网格、土地利用类型等（王纲胜 等,2002）。其结合冠层截留、蒸散发、融雪、下渗等物理过程模拟,在基于 DEM 划分的流域单元网格上进行非线性地表产流计算,并利用水量平衡方程和蓄泄方程建立土壤水或地下水产流模型（夏军 等,2004）。最后基于 DEM 提取的汇流网格进行分级网格汇流演算,进而得到出口点的流量过程及流域水循环要素的时空分布格局（夏军 等,2003;王纲胜,2005;曾思栋,2014）。

DTVGM 是水文非线性系统理论与水循环空间数字化信息相结合的产物,既有分布式水文概念性模拟的特点,也具有水文系统分析适应性强的优势,能够较好地适用于水文资料信息不完整或者有不确定性干扰条件等情况（夏军 等,2003）。DTVGM 在不断发展过程中,被广泛应用于中国多个流域的径流模拟中,且效果较好,如北部半湿润区的潮白河流域（王纲胜 等,2002;夏军 等,2004）、西部干旱半干旱区的黑河流域（夏军 等,2003;夏军 等,2004）、黄河流域（夏军 等,2005;叶爱中 等,2006;夏军 等,2007;吴蓁 等,2009）、汉江流域（夏军 等,2017;陈婷 等,2019）、海河流域（占车生,2012;姜姗姗 等,2016;Xia et al.,2018）、淮河流域（石卫,2017）。同时,DTVGM 也适用于评估气候变化和人类活动对水循环的影响（Wang et al.,2009;占车生,2012;曾思栋 等,2014;夏军 等,

2017；Xia et al.，2018）。Song et al.（2012）和 Zhan et al.（2013）构建了一种全局敏感性分析方法，对 DTVGM 参数的敏感性进行了分析。Cai et al.（2014）将多源空间数据与 DTVGM 结合，解决了无资料地区的水文模拟问题。Ning et al.（2016）将 DTVGM 耦合进陆面模式（CLM 3.5）中，模拟中国干旱半干旱区的径流，评估了未来不同情景下的径流变异，为未来气候变化下水资源管理提供依据。曾思栋改进并发展了 DTVGM 中水、能量、光合作用及植被生长关键模块，耦合了基于 CASACNP 的生物地球化学模型，拓展了模型在陆面水文-生物地球化学过程的模拟及应用（曾思栋，2014；Zeng et al.，2020；曾思栋 等，2020）。

2.2 耦合植被动态信息的 DTVGM – PML

改进的分布式时变增益模型在原始的 DTVGM 基础上耦合了蒸散发模块（PML），并包含了降雨截留模块、融雪模块、地表地下产流模块以及汇流模块，模型可简记为 DTVGM – PML。如图 2.1 所示，降水首先被分离为降雨和降雪，降雨经过植被截留，该部分水量通过蒸发作用返回到大气中，剩下的穿过冠层落到地表进入地下。降雪经过融雪模块得到进入地下的融雪量。地表产流采用水文非线性时变增益理论得到。地下分为土壤水蓄水箱和地下水蓄水箱两个部分。进入地下的水，成为壤中流和地下水。PML 蒸散发模块可计算植物蒸腾和土壤蒸发。

2.2.1 蒸散发模块

基于物理过程的 Penman – Monteith（PM）方程（Penman et al.，1948；Monteith，1965）为估算蒸散发提供了一个可靠的选择，相比于比经验方法，PM 方程能更好地描述大尺度蒸散发过程。PM 方程在大尺度应用上的关键问题就是如何确定表面导度 G_s。这个敏感参数的时空

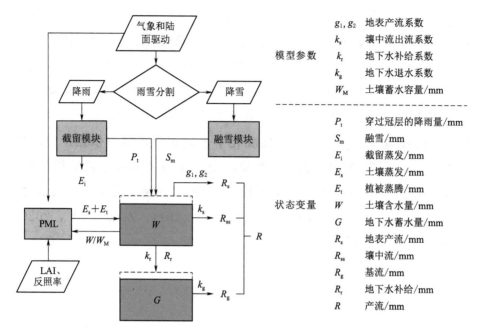

图 2.1 DTVGM–PML 模型框架图

分布，Cleugh et al.（2007）假设 G_s 是 LAI 的线性函数，通过获取 LAI 的变化从而转化为 G_s 的变化。Mu et al.（2007）进一步将蒸散发划分为植物冠层蒸腾和土壤蒸发，解释了气孔对气温和大气水汽亏缺的响应。在更进一步的发展中，Leuning et al.（2008）利用一个基于生物物理的双参数模型替代了之前计算表面导度的经验模型。该模型（PML）考虑了气孔导度对大气水分亏缺和光照的敏感性，并引入一个比例因子，来划分土壤表面用于土壤蒸发的能量。该模型（PML）在全球 15 个通量站的蒸散发模拟验证表现良好，可用于区域或全球尺度的蒸散发模拟。有大量研究将 PML 模型与水文模型耦合，用于改善水文模型蒸散发模拟精度（Zhang et al.，2008；Li et al.，2009；Zhang et al.，2009；Bai et al.，2018）或评估植被变化下的水文响应（李慧赟 等，2012；Bai et al.，2020）。本书将 PML 模型与 DTVGM 耦合，替换其中的蒸散发模块，改善 DTVGM 蒸散发过程模拟，并通过同化遥感 LAI 植被动态输入，进一步模拟评估植被变化对中国水循环的影响。

PML模型将实际蒸散发表示为

$$\lambda \mathrm{ET} = \frac{\varepsilon A + \left(\dfrac{\rho c_{\mathrm{p}}}{\gamma}\right) D_{\mathrm{a}} G_{\mathrm{a}}}{\varepsilon + 1 + \dfrac{G_{\mathrm{a}}}{G_{\mathrm{s}}}} \tag{2.1}$$

式中：λ 为汽化潜热，MJ/kg；ET 为植被蒸腾（E_{t}）和土壤蒸发（E_{s}）之和，即，ET$= E_{\mathrm{t}} + E_{\mathrm{s}}$；$\varepsilon = \Delta/\gamma$，$\gamma$ 为湿度计常数，kPa/℃，Δ 为温度-饱和水汽压曲线斜率；A 为可用能量，MJ/(m²·d)，$A = R_{\mathrm{n}} - G$，R_{n} 为净辐射，MJ/(m²·d)，G 为土壤热通量，MJ/(m²·d)，当使用日尺度气象数据计算时，G 可近似为0，A 可划分为从植物冠层吸收的能量（A_{c}）和土壤吸收的能量（A_{s}）；ρ 为空气密度，kg/m³；c_{p} 为空气定压比热，MJ/(kg·K)；$D_{\mathrm{a}} = e_{\mathrm{a}}^* - e_{\mathrm{a}}$，为饱和水汽压差，$e_{\mathrm{a}}^*$ 为温度为 T_{a} 时的饱和水汽压，kPa，e_{a} 为实际水汽压，kPa；G_{a} 为空气动力学导度，m/s；G_{s} 为表面导度，m/s。

并假设土壤蒸发为土壤表面平衡蒸发的一部分，其比例为 f，因此：

$$\frac{\varepsilon A + (\rho c_{\mathrm{p}}/\gamma) D_{\mathrm{a}} G_{\mathrm{a}}}{\varepsilon + 1 + G_{\mathrm{a}}/G_{\mathrm{s}}} = \frac{\varepsilon A_{\mathrm{c}} + (\rho c_{\mathrm{p}}/\gamma) D_{\mathrm{a}} G_{\mathrm{a}}}{\varepsilon + 1 + G_{\mathrm{a}}/G_{\mathrm{c}}} + \frac{f \varepsilon A_{\mathrm{s}}}{\varepsilon + 1} \tag{2.2}$$

$$A_{\mathrm{c}}/A = 1 - \tau, \quad A_{\mathrm{s}}/A = \tau, \quad \tau = \mathrm{e}^{-k_{\mathrm{A}} \mathrm{LAI}} \tag{2.3}$$

式中：τ 为从土壤吸收的能量占总能量的比例，其可表示为 LAI 的函数；k_{A} 为可用辐射的衰减系数；G_{c} 为冠层导度，m/s；其他符号含义同前。

净辐射可用式（2.4）～式（2.5）计算：

$$R_{\mathrm{n}} = (1-\alpha) R_{\mathrm{s}} + (R_{\mathrm{li}} - R_{\mathrm{lo}}) \tag{2.4}$$

$$R_{\mathrm{lo}} = \varepsilon_{\mathrm{s}} \sigma T_{\mathrm{a}}^4 \tag{2.5}$$

式中：α 为反照率；R_{s} 为入射短波太阳辐射，MJ/(m²·d)；R_{li} 为入射长波辐射，MJ/(m²·d)；R_{lo} 为出射长波辐射，MJ/(m²·d)；ε_{s} 为表面

发射率；σ 为 Stefan – Boltzmann 常数，$\sigma=4.9\times10^{-9}\text{MJ}/(\text{K}^4\cdot\text{m}^2\cdot\text{d})$；$T_a$ 为日平均气温，℃。

空气动力学导度 G_a 可用式（2.6）计算：

$$G_a=\frac{k^2 u_z}{\ln[(z_m-d)/z_{om}]\ln[(z_m-d)/z_{ov}]} \tag{2.6}$$

式中：k 为 von Karman 常数，$k=0.41$；u_z 为在高度 z_m 处测量的风速，m/s；z_m 为测量风速所在高度，m；d 为零平面位移高度，m；z_{om} 和 z_{ov} 分别为控制动量和水汽传输的糙率长度，m；$d=2h/3$，$z_{om}=0.123h$，以及 $z_{om}=0.1z_{om}$，其中 h 为冠层高度（Allan et al.，1998）。

冠层导度 G_c 是将植被生长过程与蒸腾作用联系起来的生态水文变量，采用 Leuning et al.（2008）提出的方法计算：

$$G_c=\frac{g_{sx}}{k_Q}\ln\left[\frac{Q_h+Q_{50}}{Q_h\exp(-k_Q\text{LAI})+Q_{50}}\right]\left(\frac{1}{1+D_a/D_{50}}\right) \tag{2.7}$$

式中：g_{sx} 为冠层顶部叶片的最大气孔导度，m/s；k_Q 为短波辐射的衰减系数；Q_h 为冠层顶部吸收的光合有效辐射，$\text{MJ}/(\text{m}^2\cdot\text{d})$；$Q_{50}$ 和 D_{50} 分别为当气孔导度 $g_s=g_{sx}/2$ 时吸收的光合有效辐射 $[\text{MJ}/(\text{m}^2\cdot\text{d})]$ 和水汽压差（kPa）。

PML 模型[式（2.2）、式（2.3）和式（2.7）]中包含六个参数，分别是 g_{sx}、Q_{50}、D_{50}、k_Q、k_A 和 f。其中 Q_{50}、D_{50}、k_Q 和 k_A 相对不敏感，可设为常数，本书分别设为 $k_Q=k_A=0.6$，$Q_{50}=2.6\text{MJ}/(\text{m}^2\cdot\text{d})$，$D_{50}=0.8\text{kPa}$（Leuning et al.，2008；Zhang et al.，2017；Bai et al.，2018）。土壤蒸发系数 f 用于描述土壤的湿润程度，可由相对土壤含水量 W/W_M 计算（Li et al.，2009；Zhang et al.，2009），W 为土壤含水量，mm，W_M 为土壤蓄水容量，mm。W_M 为 DTVGM 参数，通过率定得到。对于最大气孔导度 g_{sx}，则采用 Zhang et al.（2017）给出的不同土地覆盖类型的推荐值（表 2.1）。

2.2 耦合植被动态信息的 DTVGM-PML

表 2.1 不同土地覆盖类型对应的最大冠层导度 g_{sx} 和冠层高度 h

土地覆盖类型	g_{sx}/(m/s)	h/m	土地覆盖类型	g_{sx}/(m/s)	h/m
常绿针叶林	$4.0×10^{-3}$	10	典型草原	$5.0×10^{-3}$	0.12
常绿阔叶林	$4.6×10^{-3}$	10	永久湿地	$10.0×10^{-3}$	0.2
落叶针叶林	$4.0×10^{-3}$	10	农田	$7.0×10^{-3}$	0.5
落叶阔叶林	$4.6×10^{-3}$	10	城市和建筑	$5.0×10^{-3}$	1.0
混交林	$4.5×10^{-3}$	10	农田和自然植被的镶嵌体	$5.0×10^{-3}$	0.5
郁闭灌丛	$5.0×10^{-3}$	0.3	裸地/低植被覆盖区	$0.5×10^{-3}$	0.05
开放灌丛	$5.0×10^{-3}$	0.3	雪/冰	—	—
多数草原	$3.0×10^{-3}$	0.5	水体	—	—
稀树草原	$3.0×10^{-3}$	0.2			

对于冠层截留蒸发 E_i，本书采用广泛应用的改进的 Gash 降雨截留模型（Zhang et al.，2016）来计算。该模型适用于不同疏密度的冠层，并假定湿润冠层蒸发与降雨的比值在不同暴雨事件中保持不变（van Dijk et al.，2001）。其公式为

$$E_i = \begin{cases} f_v P, & P < P_{wet} \\ f_v P_{wet} + f_{ER}(P - P_{wet}), & P \geqslant P_{wet} \end{cases} \quad (2.8)$$

$$\begin{cases} P_{wet} = -\ln\left(1 - \dfrac{f_{ER}}{f_v}\right)\dfrac{S_v}{f_{ER}} \\ S_v = S_l \text{LAI} \\ f_{ER} = f_v F_0 \\ f_v = 1 - e^{-\text{LAI}/\text{LAI}_{ref}} \end{cases} \quad (2.9)$$

式中：P 为降雨量，mm；P_{wet} 为冠层湿润时的降雨阈值，mm；f_v 为冠层覆盖面积比例；f_{ER} 为平均蒸发率与平均降雨强度的比值；S_v 为冠层最大蓄水容量，mm；S_l 为单位叶面积的蓄水容量，mm；F_0 为单位冠层的平均蒸发率与平均降雨强度的比值；LAI_{ref} 为参考叶面积指数，设为 5m^3/m^3。

2.2.2 融雪模块

本书采用 HBV 模型（Seibert et al.，2012）中的融雪模块来计算日融雪量。输入为降水量和气温。首先基于一个气温阈值来判断降水模式为降雨还是降雪。当温度高于阈值时，以降雨形式输入至模型，当温度低于阈值时，以降雪形式输入至模型：

$$P_s = \begin{cases} 0, & T \geqslant T_T \\ P, & T < T_T \end{cases} \tag{2.10}$$

$$P_r = P - P_s \tag{2.11}$$

式中：P、P_r 和 P_s 分别为降水量、降雨量和降雪量，mm；T 为日平均气温，℃；T_T 为气温阈值，℃。

基于度日因子来计算融雪量，假设日融雪量与日差温（日气温与气温阈值之差）之间为简单的线性关系：

$$S_m = \begin{cases} C_{MELT}(T - T_T), & T \geqslant T_T \\ 0, & T < T_T \end{cases} \tag{2.12}$$

式中：S_m 为融雪量，mm；C_{MELT} 为度日因子，其大小与植被覆盖情况有关，通常介于 1.5~4mm/(℃·d) 之间。

当融雪没有超过一定水当量（一般为 10%）时，降雨和融雪可以保持在积雪中。并且当温度下降到气温阈值以下，积雪中的液态水将再次冻结，冻结的量通过一个再冻结系数来计算。

$$R_F = \begin{cases} 0, & T \geqslant T_T \\ C_{FR} C_{MELT}(T - T_T), & T < T_T \end{cases} \tag{2.13}$$

式中：R_F 为冻结量，mm；C_{FR} 为再冻结系数。

2.2.3 产流模块

根据水文非线性时变增益理论（夏军，2002），假设地表产流增益因子与土壤含水量存在一个幂指数关系，即

$$R_s = g_1 \left(\frac{W}{W_M}\right)^{g_2} P_t \tag{2.14}$$

式中：R_s 为地表产流，mm；$g_1 \left(\frac{W}{W_M}\right)^{g_2}$ 为地表产流增益因子；W 为土壤含水量，mm；W_M 为土壤蓄水容量，mm；W/W_M 为相对土壤含水量；P_t 为穿过冠层的降雨量，mm，$P_t = P_r - E_i$；g_1 为当土壤饱和时（即 $W/W_M = 1$）的产流系数；g_2 为产流参数。

发生地表产流后，剩余的水量结合融雪量下渗进入土壤，即下渗量为

$$I = P_t - R_s + S_m \tag{2.15}$$

式中：I 为下渗量，mm。

进入土壤的水首先形成壤中流，假设其与相对土壤含水量（也称为土壤湿润度）存在线性关系，即

$$R_{ss} = k_s \frac{W}{W_M} I \tag{2.16}$$

式中：R_{ss} 为壤中流，mm；k_s 为壤中流出流系数。

土壤水部分蒸发掉，当剩下的土壤水超过土壤水蓄水容量，多余部分补给地下水，补给量也可利用相对土壤含水量计算，即

$$R_r = k_r \frac{W}{W_M} (I - R_{ss}) \tag{2.17}$$

式中：R_r 为地下水补给量，mm；k_r 为地下水补给比例系数。

土壤水补给地下水后，如果土壤含水量大于土壤水蓄水容量时，该部分在模型中也作为壤中流的一部分考虑。对于基流量的计算，采用经验公式，即采用地下水蓄水量乘以流域退水系数：

$$R_g = k_g G \tag{2.18}$$

式中：R_g 为基流量，mm；k_g 为退水系数；G 为地下水蓄水量，mm。

土壤含水量的变化等于下渗量减去壤中流、补给量和蒸发量之和，地下水蓄水量的变化则等于补给量减去基流量：

$$\Delta W = I - R_{ss} - R_r - E_s - E_t \tag{2.19}$$

$$\Delta G = R_r - R_g \tag{2.20}$$

总的产流量为地表产流、壤中流以及基流之和：

$$R = R_s + R_{ss} + R_g \tag{2.21}$$

式中：R 为总产流量，mm。

2.2.4 汇流模块

本书采用 Lohmann et al. （1996）开发的汇流模块将 DTVGM - PML 模拟输出的网格产流量汇流至流域出口网格控制水文站点，完成汇流计算。该模型也曾用于 VIC （Variable Infiltration Capacity） 模型的汇流计算 （Lohmann et al., 1998；te Linde et al., 2008；Gou et al., 2020）。针对每个独立网格，模型采用 D8 算法判断水流方向，即认为该网格中心与其相邻八个网格中高程差最大的一个网格中心之间连线方向为该网格的水流方向。汇流过程如图 2.2 所示，汇流分为两部分，首先是坡面汇流，即水流流出网格出口至某个河道中，采用单位线汇流；然后是河道汇流，即水流最终流向流域出口点，采用线性圣维南方程进行计算。模型是基于汇流过程线性且不随时间变化以及脉冲响应函数非负的假定所构建的。

在进行汇流计算时，总径流可以分为快速流和慢速流，即

$$\frac{dQ^S(t)}{dt} = -kQ^S(t) + bQ^F(t) \tag{2.22}$$

$$Q(t) = Q^S(t) + Q^F(t) \tag{2.23}$$

式中：$Q^S(t)$ 为慢速流，m³/s；$Q^F(t)$ 为快速流，m³/s；$Q(t)$ 为总径流，m³/s；k，b 为参数，假定在计算期内为常数。

快速流与慢速流之间的联系可表示为

$$Q^S(t) = b\int_0^t e^{-k(t-\tau)} Q^F(\tau) d\tau + Q^S(0) e^{-kt} \tag{2.24}$$

离散形式可表示为

$$Q^S(t) = \frac{e^{-k\Delta t}}{1 + b\Delta t} Q^S(t - \Delta t) + \frac{b\Delta t}{1 + b\Delta t} Q(t) \tag{2.25}$$

2.2 耦合植被动态信息的 DTVGM-PML

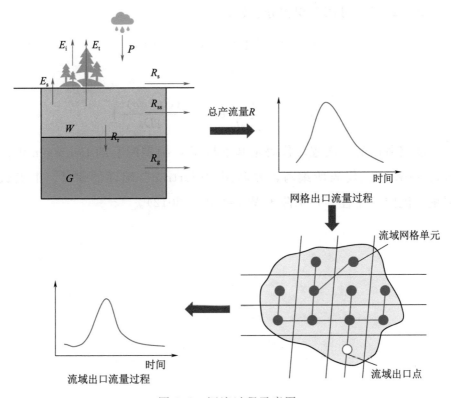

图 2.2 汇流过程示意图

假设模拟径流与有效降雨（转化为径流的那部分降雨）之间存在线性关系，因此可以找到一个脉冲响应函数将快速流与有效降雨之间建立联系：

$$Q^F(t) = \int_0^{t_{max}} UH^F(\tau) P^{eff}(t-\tau) d\tau \quad (2.26)$$

式中：$UH^F(\tau)$ 为快速流的脉冲响应函数；t_{max} 为所有快速流均衰退的时间；P^{eff} 为有效降雨。

河道汇流采用线性圣维南方程求解：

$$\frac{\partial Q}{\partial t} = D \frac{\partial^2 Q}{\partial x^2} - C \frac{\partial Q}{\partial x} \quad (2.27)$$

式中：C 为波速；D 为扩散系数。

式（2.27）可用卷积积分求解：

$$Q(x,t) = \int_0^t U(t-s)h(x,s)\mathrm{d}s \qquad (2.28)$$

其中：

$$h(x,t) = \frac{x}{2t\sqrt{\pi t D}}\exp\left(-\frac{(Ct-x)^2}{4Dt}\right) \qquad (2.29)$$

研究所用的汇流程序代码是基于与 VIC 模型配套的 Lohmann 汇流 Fortran 程序源代码所编写，并利用"gfortran"编译器编译。汇流数据集（流向、流程等）来源于 Wu et al.（2012）。

第 3 章

中国高分辨率 DTVGM – PML 模型率定与检验

陆地水循环在陆地和大气之间进行水分和能量交换，其与人类生存、生态系统演变和社会经济发展密切相关（Miao et al., 2020）。在全球变化的背景下，气候变化和人类活动对水文循环及水资源产生了重大影响，水文研究正面临诸多挑战。全球变暖加剧了中国的水循环，导致极端水文事件频发，对中国的社会经济发展和人民生命财产安全造成了不利影响（Huntington, 2006；Piao et al., 2010；张利平 等，2011；Sun et al., 2018）。因此，准确模拟变化环境下中国陆地水循环演变规律及时空分布格局对中国水资源管理及干旱或洪水预警预报和风险评估有重要意义。大尺度分布式水文模型是分析变化环境下陆地水循环响应的关键工具。分布式水文模型的参数率定是水文模拟的关键环节，通常需要基于水文站点径流或其他实测数据来率定模型（Beck et al., 2020）。然而，由于实测站点数量有限，很难在大尺度（如全国或全球）或偏远地区对水文模型进行参数化。在这种情况下，一些研究尝试利用再分析数据集，而不是实测数据，来进行模型率定和验证（Beck et al., 2020）。比如，Dembélé et al.（2020）通过将径流数据与遥感卫星数据集（包含蒸发、土壤含水量和陆地储水量）结合，发展了一套针对空间模式的多变量率定框架用于分布式水文模型的参数率定。Zhang et al. (2020) 和 Huang et al. (2020) 在不使用实测径流数据的情况下（无径流率定方法），仅利用遥感蒸散发数据（或经偏差校正后的数据）进行模型率定，并用于无资料地区的径流模拟，取得了令人满意的结果，展示了该方法在无资料地区水文模拟的巨大潜力。

本章主要内容是实现中国高分辨率 DTVGM－PML 水文模型的率定与检验，首先采用多变量率定框架，使用产流和蒸发的网格产品数据，对模型进行逐网格优化率定。然后再基于多源数据（产流、蒸发、土壤含水量和径流）分别从网格尺度和站点尺度验证模型的精度。

3.1 研究区域及数据

3.1.1 研究区域

本书选择中国作为研究区域，将其划分为四个气候区和九大流域片区（区划数据来源于 www.resdc.cn），如图 3.1 所示。中国地理位置处于亚洲大陆东部和太平洋西岸，拥有 960 万 km^2 的陆地面积。从北到南，中国领土从黑龙江漠河镇以北（约 55°N）延伸到南沙群岛最南端的曾母暗沙（约 4°N），距离约 5500km。从东到西，中国从 135°E 的黑龙江和乌苏里江交汇处延伸至 73°E 的帕米尔高原，距离约 5200km。中国的地形是围绕着青藏高原的出现而形成的，青藏高原不断上升，成为"世界屋脊"，平均海拔超过 4000m。然后，中国的地形像阶梯一样由西向东逐渐下降。中国大部分地区属于大陆性季风气候。从 9 月到次年 4 月，干燥和寒冷的冬季气团从西伯利亚和蒙古高原吹来，导致冬季寒冷和干燥，并且中国南北的温度差异很大。4 月至 9 月，受东部和南部海域的温暖湿润夏季季风影响，整体气温偏高，雨量充沛，南北气温差异较小。基于温度的分布，全国从南到北可分为赤道、热带、亚热带、暖温带、温带和寒温带多个区域。降水从东南到西北的内陆地区逐渐减少，年平均降水量在不同地方差异很大，水资源分布不均。在东南沿海地区，它达到 1500mm 以上，而在西北地区，降水量下降到 200mm 以下。根据世界银行 WDI 数据库统计，2014 年中国淡水资源量为 28130 亿 m^3，但人均水资源量仅有 2061.9 亿 m^3，约为世界人均水平的 1/3。水资源短缺已成为影响中国经济社会发展和人民生活的重大问题。

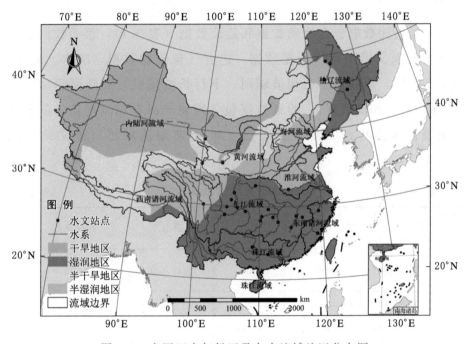

图 3.1　中国四大气候区及九大流域片区分布图

由于独特的气候特点和复杂的地形特征，中国频繁发生洪涝、干旱等自然灾害（Miao et al., 2020）。比如，1998 年的特大洪水淹没了长江流域 2100 万 hm^2 的土地，毁坏了 500 万所房屋，造成了经济损失超过 200 亿美元（Zong et al., 2000）。2011 年，长江中下游地区发生了极其严重的干旱，对农业、生态和渔业养殖造成了极大的破坏。据统计，长江中下游地区湖北、湖南、安徽、江西和江苏 5 省耕地受旱面积为 302 万 hm², 占全国受旱面积的 43.4%, 共有 329 万人、95 万头牲畜因旱灾出现饮水困难的情况（刘建刚, 2017）。全球变暖也使水循环加剧（Huntington, 2006），导致极端水文事件发生频率和强度都增加（张利平 等, 2011），对中国水资源和农业造成影响（Piao et al., 2010）。因此，亟须准确评估全球变化对中国水循环的影响，重新认识中国水循环演变规律及时空分布格局。

3.1.2 研究数据

本章所用数据包含驱动数据和验证数据（表 3.1），驱动数据是驱动分布式水文模型运行所需数据，包含气象驱动数据（降水、温度、比湿、气压、风速、下行短波辐射、下行长波辐射）和陆面驱动数据（叶面积指数和反照率）；验证数据包含网格产品数据（产流、蒸散发和土壤含水量）和实测站点数据（30 个典型流域出口水文站实测径流）。

表 3.1　　　　　　　研究数据变量信息及来源

数据分类	变量名	单位	分辨率	数据来源
驱动数据	降水量（precipitation）	mm	0.25°日尺度	CN05.1 数据集（吴佳 等, 2013）
	温度（temperature）	K	0.25°日尺度	Global Land Data Assimilation System (GLDAS) 驱动数据
	比湿（specific humidity）	kg/kg		
	风速（wind speed）	m/s		
	气压（surface pressure）	Pa		
	下行短波辐射（downward shortwave radiation）	W/m²		
	下行长波辐射（downward longwave radiation）	W/m²		
	叶面积指数（LAI）	m²/m²	0.05° 8 天	Global LAnd Surface Satellite (GLASS) 产品（www.geodata.cn）
	反照率（albedo）	—		

续表

数据分类	变量名	单位	分辨率	数据来源
验证数据	产流（runoff）	kg/m²	0.25°月尺度	IGSNRR 数据集（Zhang et al., 2014）
	蒸散发（evapotranspiration）	mm/月	0.25°月尺度	Global Land Evaporation Amsterdam Model (GLEAM) v3.3a 产品
	径流（streamflow）	m³/s	日尺度	水文年鉴
	土壤含水量（soil moisture）	m³/m³	0.25°年尺度	GLEAM v3.5a 产品
	饱和土壤含水量（saturated moisture content）	cm³/cm³	1km	（Liu et al., 2020）

（1）驱动数据。降水量数据来源于吴佳等（2013）基于 2400 多个中国地面气象站点观测资料，利用插值构建的一套分辨率为 0.25°×0.25°的网格数据集（CN05.1）。其他气象驱动数据（温度、比湿、气压、风速、下行短波辐射、下行长波辐射）来自于全球陆面数据同化系统（GLDAS）驱动数据集。本书使用的是 GLDAS-2.0 产品数据，该产品驱动数据来源于普林斯顿大学研制的全球气象驱动数据集（Sheffield et al., 2006），分辨率为 0.25°×0.25°。陆面驱动数据来源于国家地球系统科学数据中心所提供的全球陆表特征参量产品（GLASS），包含叶面积指数和地表反照率。由于该数据时空分辨率为 8 天，0.05°×0.05°，首先基于分段三次 Hermite 多项式插值为日尺度，然后利用 Savitzky-Golay 滤波方法对数据进行平滑处理（Fang et al., 2008；Ruffin et al., 2008；Li et al., 2009）。

（2）验证数据。分为网格尺度和站点尺度，网格尺度包含产流、蒸发和土壤含水量产品数据，其中产流和蒸发数据也是用于模型率定的参考数据。产流数据来源于 Zhang et al.（2014）开发的一套基于 VIC 模型模拟的中国陆表水文通量及状态数据集（IGSNRR）。本书使用的是其提供的地表产流与基流之和，作为总产流进行率定，分辨率为 0.25°×0.25°。蒸发数据来源于全球陆面蒸散发产品 (GLEAM) (Martens et al., 2017),选用的是 GLEAM v3.3a 实际蒸散发数据,分辨率为 0.25°×0.25°。为了更加全面地评估模型水循环模拟精度,本书特别评估了土壤含水量的模拟性能,选用了 GLEAM v3.5a 的土壤含水量数据作为参考值。并利用 Liu et al. (2020) 提供的全国饱和土壤含水量数据,基于式 (3.1) 将模型输出的相对土壤含水量转化为体积土壤含水量。饱和土壤含水量数据为多层数据,包含地下 0~5cm、5~15cm、15~30cm、30~60cm、60~100cm 和 100~200cm 的值,本书将多层数据经加权平均处理得到单层的饱和土壤含水量,与模型输出的单层数据匹配。另外,站点尺度上,本书选取了 30 个不同气候区的典型流域出口水文站点(图 3.1)的日径流数据来验证模型径流模拟的精度。水文站点信息见表 3.2,所对应流域面积为 5000~300000km²。

$$\theta = \theta_{sat} W/W_M \tag{3.1}$$

式中:θ 为转化后的体积土壤含水量,m³/m³;θ_{sat} 为饱和土壤含水量,m³/m³;W/W_M 为模型输出的相对土壤含水量,mm/mm。

表 3.2   中国 30 个水文站点信息

站点名	河流	流域片区	面积/km²	经度/(°)	纬度/(°)	可用数据时段
兰溪	钱塘江	东南诸河	18233	119.47	29.22	1970—2008 年
竹岐	闽江	东南诸河	54500	119.10	26.15	1950—2008 年
息县	淮河	淮河	10190	114.73	32.33	1956—2003 年
红旗	洮河	黄河	24973	103.57	35.80	1955—2009 年
唐乃亥	黄河源区	黄河	121970	100.15	35.50	1956—2007 年
小林子	太子河	辽河	10254	122.90	41.35	1953—2007 年
莺落峡	黑河	内陆河	10010	100.18	38.80	1960—2014 年
阿彦浅	嫩江	松花江	65439	124.63	48.77	1952—2004 年
两家子	嫩江	松花江	15544	123.00	46.73	1956—2009 年
五常	拉林河	松花江	5642	127.10	44.87	1955—2002 年
小二沟	嫩江	松花江	16761	123.72	49.20	1955—2009 年
北碚	嘉陵江	长江	156142	106.42	29.85	2007—2014 年

续表

站点名	河流	流域片区	面积/km²	经度/(°)	纬度/(°)	可用数据时段
登瀛岩	沱江	长江	14484	104.73	29.90	1954—2008 年
高场	岷江	长江	136000	104.42	28.80	2007—2014 年
高砌头	沅江	长江	17698	110.35	28.62	1959—2005 年
吉安	赣江	长江	56223	114.98	27.10	1964—2009 年
梅港	信江	长江	15535	116.82	28.43	1953—2009 年
浦市	沅江	长江	54144	110.12	28.10	1969—2005 年
射洪	涪江	长江	23574	105.40	30.87	1952—2008 年
石门	澧水	长江	15307	111.38	29.62	1959—2005 年
桃江	资水	长江	26748	112.12	28.53	1959—2005 年
亭子口	嘉陵江	长江	61089	105.82	31.85	1969—2008 年
外州	赣江	长江	83777	115.84	28.63	1960—2014 年
武隆	乌江	长江	87920	107.73	29.33	1952—2014 年
湘潭	湘江	长江	94660	112.93	27.87	1959—2015 年
向家坪	旬河	长江	6448	109.28	32.87	1956—2008 年
雅江	雅砻江	长江	65923	101.01	30.03	1970—2014 年
三岔	西江	珠江	16280	108.95	24.47	1955—2008 年
石角	北江	珠江	38383	112.95	23.57	1960—2008 年
梧州	西江	珠江	329700	111.33	23.47	1941—2008 年

本章所用栅格数据统一基于双线性插值的方法重采样为 0.25°×0.25°，将中国区域总共划分为 15640 个网格，然后以日尺度形式运行模型，时间跨度为 1982—2012 年。

3.2 模型率定

本章选用月尺度产流（IGSNRR）和蒸发（GLEAM）网格产品数据，对模型参数进行逐网格的率定（图 3.2）。模型运行时段为 1982—2012 年，其中 1998—2012 年作为率定期，1982—1997 年作为验证期。采用 SCE - UA（Shuffled Complex Evolution）优化算法（Duan et al.，1992；Duan et al.，1994）进行多变量率定。目标函数［式（3.2）］为月产流和蒸发的 KGE［Kling‐Gupta Efficiency，式（3.3）］（Gupta et al.，2009；Kling et al.，2012）值的欧式（Euclidean）距离，目标函数值越小，模型表现越好。KGE 是衡量观测序列与模拟序列之间匹配程度的一个综合指标，范围从 $-\infty$ 到 1，最优值为 1。

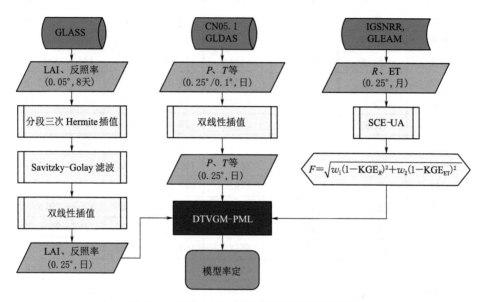

图 3.2　DTVGM‐PML 模型率定框架图

$$F=\sqrt{w_1(1-\mathrm{KGE}_R)^2+w_2(1-\mathrm{KGE}_{\mathrm{ET}})^2} \tag{3.2}$$

$$\begin{cases} \mathrm{KGE}=1-\sqrt{(r-1)^2+(\beta-1)^2+(\gamma-1)^2} \\ \beta=\mu_s/\mu_o \\ \gamma=\dfrac{\mathrm{CV}_s}{\mathrm{CV}_o}=\dfrac{\sigma_s/\mu_s}{\sigma_o/\mu_o} \end{cases} \tag{3.3}$$

式中：F 为目标函数；KGE_R 为产流模拟精度指标；$\mathrm{KGE}_{\mathrm{ET}}$ 为蒸发模拟精度指标；w_1、w_2 分别为分配给产流和蒸发模拟精度的权重，本书均设为 1；r 为实测序列与模拟序列的相关系数；μ、σ 和 CV 分别为序列均值、标准差和变异系数，下标 s 和 o 分别代表模拟序列和实测序列；β 为模拟序列与实测序列均值的比值；γ 为模拟序列与实测序列变异系数的比值。

模型验证是评价模型模拟结果和参数率定有效性的重要手段。本书选用 KGE、NSE（Nash-Sutcliffe efficiency，Nash et al.，1970）、PBIAS（Percent Bias，Gupta et al.，1999）和 TSS（Taylor skill score，Taylor，2001）四个评价指标来进行模型验证。NSE 是一个广泛使用的评价指标，用于评估水文模型的模拟性能，其范围为 $-\infty$ 到 1，最优值为 1。PBIAS 是用于衡量模拟序列相对于实测序列高估或低估的程度，范围为 $-\infty$ 到 $+\infty$，正值代表高估，负值代表低估。TSS 是对泰勒图信息的综合体现，展示了一个模型性能的综合性能得分，其范围从 0 到 1，越接近 1 模型性能越好。根据式（3.6），对于任意给定方差，TSS 随相关系数单调递增，对于任意给定相关系数，TSS 随着模型输出结果的方差越接近实测值的方差而逐渐增加。

$$\mathrm{PBIAS} = \frac{\sum_{1}^{n}(X_s - X_o)}{\sum_{1}^{n} X_o} \times 100\% \tag{3.4}$$

$$\mathrm{NSE} = 1 - \frac{\sum_{1}^{n}(X_o - X_s)^2}{\sum_{1}^{n}(X_o - \overline{X}_o)^2} \tag{3.5}$$

$$\mathrm{TSS} = \frac{4(1+r)^4}{\left(\mathrm{SDR} + \dfrac{1}{\mathrm{SDR}}\right)^2 (1+r_0)^4} \tag{3.6}$$

$$\begin{cases} r = \dfrac{\dfrac{1}{n}\sum_{1}^{n}(X_o - \overline{X}_o)(X_s - \overline{X}_s)}{\sigma_o \sigma_s} \\ \mathrm{SDR} = \dfrac{\sigma_s}{\sigma_o} \\ \sigma_o = \sqrt{\dfrac{\sum_{1}^{n}(X_o - \overline{X}_o)^2}{n}} \\ \sigma_s = \sqrt{\dfrac{\sum_{1}^{n}(X_s - \overline{X}_s)^2}{n}} \end{cases} \tag{3.7}$$

式中：X_o、X_s 分别为实测序列和模拟序列；$\overline{X}_o$、$\overline{X}_s$ 分别为实测序列和模拟序列均值；n 为序列长度；r 为空间相关系数；r_0 为最大相关系数，本书取 $r_0=0.999$；SDR 为模拟序列与实测序列空间标准差之比（σ_s/σ_o）。

3.3 模拟验证

本节分别从网格尺度和站点尺度利用多源数据对模型进行验证。首先在气象数据和陆面数据驱动下，模型输出了全国 15640 个网格的各水循环变量序列，包含产流（R）、蒸发（ET）和土壤含水量（W）。以网格产品数据集为基准，研究计算出了各网格月尺度 R 和 ET 的 KGE 和 PBIAS，图 3.3 给出了率定期和验证期两个评价指标的箱线图。

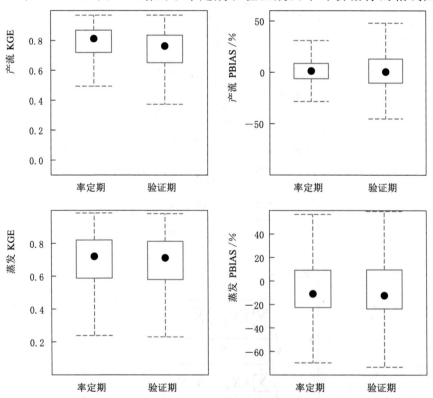

图 3.3　DTVGM-PML 率定期和验证期水文模拟精度箱线图

3.3 模拟验证

对 R 来说，率定期 KGE 和 PBIAS 的中位数分别为 0.81 和 1.27%，验证期的中位数分别为 0.76 和 0.42%。对 ET 来说，率定期 KGE 和 PBIAS 的中位数分别为 0.72 和 -10.91%，验证期的中位数分别为 0.71 和 -12.32%。总体来看，DTVGM-PML 对中国区域的月产流量和蒸发量模拟效果较优。

研究进一步分析了不同气候区（湿润区、半湿润区、半干旱区和干旱区）模型模拟精度的差异。图 3.4 和图 3.5 分别为不同气候区率定期和验证期产流和蒸散发模拟精度 KGE 的累积频率分布（CDF）图，蓝色实线代表率定期，红色虚线代表验证期。针对 R 的模拟，率定期

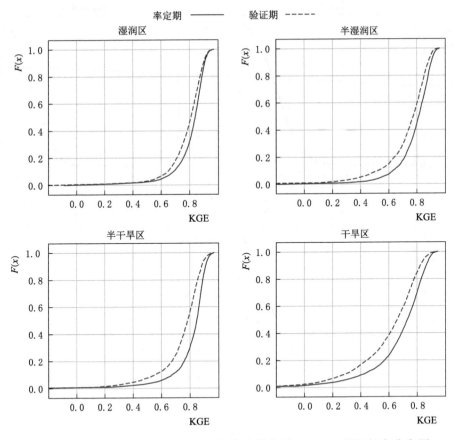

图 3.4　不同气候区率定期和验证期产流模拟精度 KGE 累积频率分布图

模拟精度相对验证期略优（CDF 偏右），验证期不同气候区的 KGE 中位数分别为 0.81（湿润区）、0.78（半湿润区）、0.78（半干旱区）和 0.66（干旱区）。湿润区 R 的 KGE 大于 0.7 的区域占 81%，干旱区占 41%，表明模型对湿润区 R 的模拟精度相对干旱区更优。而对 ET 的模拟，率定期和验证期 KGE 结果相差不大，验证期不同气候区的 KGE 中位数分别为 0.72（湿润区）、0.77（半湿润区）、0.78（半干旱区）和 0.52（干旱区），模型对干旱区的 ET 模拟表现欠佳。整体上模型对湿润区 R 和 ET 的模拟优于干旱区。

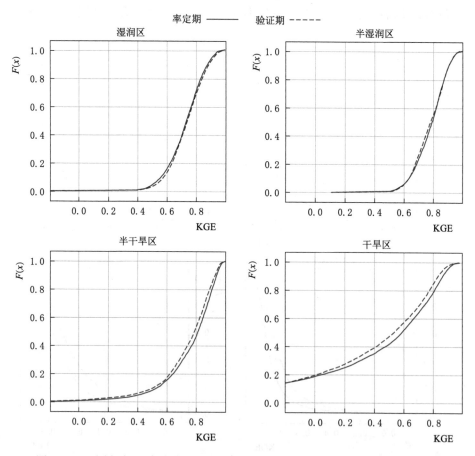

图 3.5　不同气候区率定期和验证期蒸发模拟精度 KGE 累积频率分布图

另外，研究选用了全国 30 个不同气候区的典型流域出口水文站点（图 3.1）的实测径流数据来对模型径流模拟结果进行验证。网格产流经 Lohmann 汇流程序处理得到 30 个典型流域出口水文站点流量过程，并与实测流量过程相比较，分别计算出日尺度和月尺度 NSE 和 KGE，以及 PBIAS 值，图 3.6 展示了五个评价指标的箱线图。日尺度 NSE 和日尺度 KGE 的中位数分别为 0.59 和 0.69，其最大值分别为 0.85 和 0.89。月尺度 NSE 和月尺度 KGE 的中位数分别为 0.84 和 0.78，其最大值分别为 0.97 和 0.91。PBIAS 的中位数为 6.55%。综合来看，DTVGM－PML 能够较为准确地模拟不同气候区的径流。

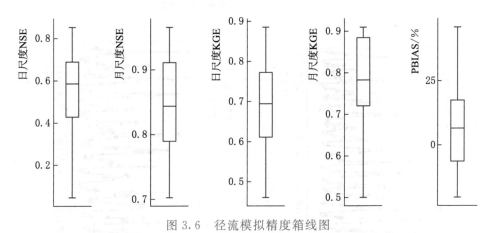

图 3.6　径流模拟精度箱线图

为了进一步分析 DTVGM－PML 的径流模拟效果，本节选择了 6 个不同气候区、不同流域片区的水文站点进行对比，图 3.7～图 3.12 分别给出了长江流域武隆站、珠江流域石角站、黄河流域唐乃亥站、松花江流域阿彦浅站、内陆河流域莺落峡站和淮河流域息县站实测月径流与 DTVGM－PML 模拟月径流过程线及散点图，通过对比可以看出，模拟值（红色实线）与实测值（黑色圆点）吻合度较高，且散点图基本分布在 1∶1 线上，NSE 在 0.78～0.91 之间，KGE 在 0.73～0.91 之间，PBIAS 在－13%～26% 之间，表明 DTVGM－PML 能够较好地模拟不同气候区典型流域的月径流过程。

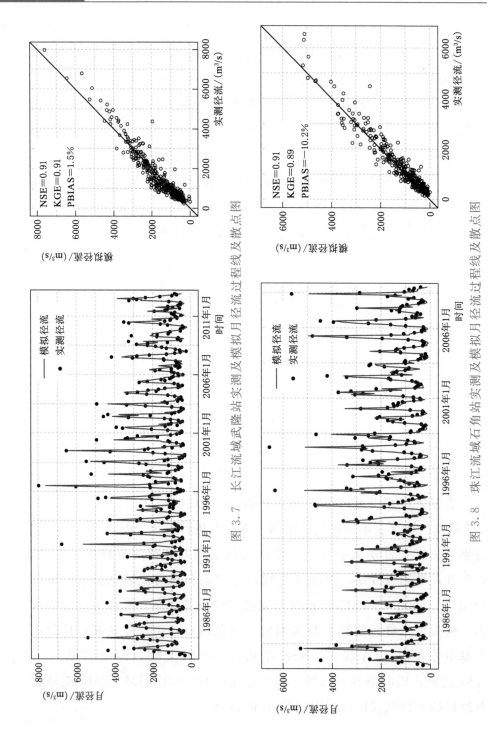

图 3.7 长江流域武隆站实测及模拟月径流过程线及散点图

图 3.8 珠江流域石角站实测及模拟月径流过程线及散点图

3.3 模拟验证

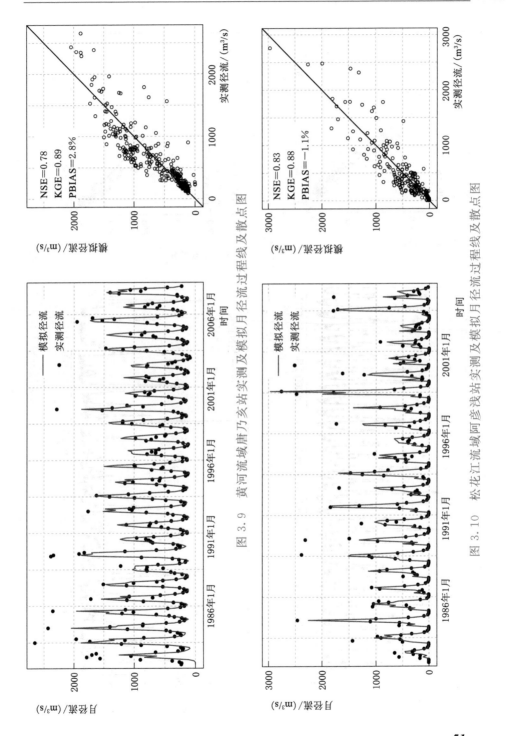

图3.9 黄河流域唐乃亥站实测及模拟月径流过程线及散点图

图3.10 松花江流域阿彦浅站实测及模拟月径流过程线及散点图

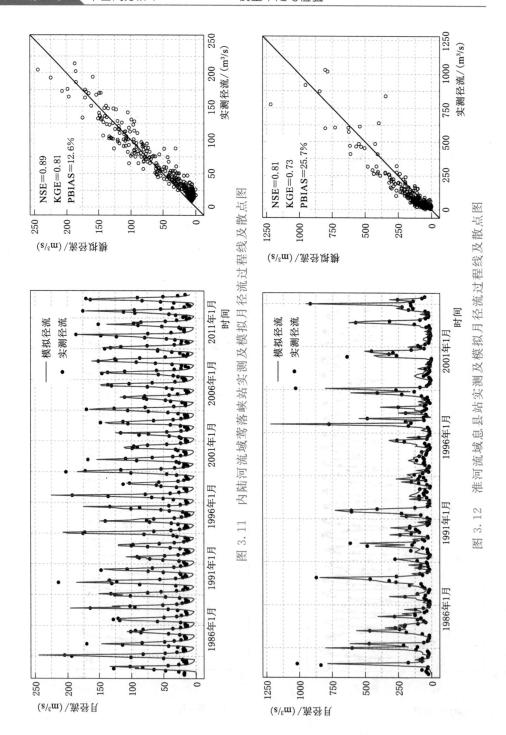

图 3.11 内陆河流域莺落峡站实测及模拟月径流过程线及散点图

图 3.12 淮河流域息县站实测及模拟月径流过程线及散点图

3.3 模拟验证

通过水量平衡方程计算出了30个典型流域多年平均蒸发量，即假定多年尺度土壤蓄水量变化可以忽略，多年平均蒸发量等于多年平均降水量与产流量的差值。将水量平衡蒸发作为实际蒸发量，来验证模型对蒸发的模拟效果。如图3.13所示，模拟蒸发与水量平衡蒸发散点基本分布在1∶1对角线上，三个评价指标分别为NSE=0.76、KGE=0.75和PBIAS=-6.3%。整体上，DTVGM-PML对蒸发的模拟精度较优。

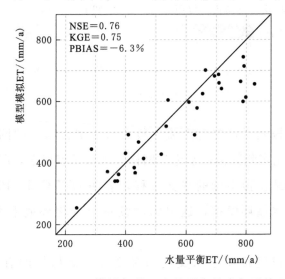

图3.13　DTVGM-PML模拟与基于水量平衡的多年平均ET的对比

研究进一步将模型输出的体积土壤含水量［由式（3.1）计算］与GLEAM的根区土壤含水量产品数据进行对比，如图3.14所示，DTVGM-PML输出的多年平均体积土壤含水量与GLEAM产品数据的空间模式较为一致，呈现从东南（0.4m³/m³）到西北（0.1m³/m³）逐渐减少的趋势。模型模拟年平均体积土壤含水量与GLEAM数据的空间相关系数$r=0.73$（$p<0.01$），空间标准差之比SDR=0.94，泰勒技能得分TSS=0.56。结果表明，DTVGM-PML能较好地模拟中国土壤含水量的空间分布。

综上，本节基于多源数据对比验证了DTVGM-PML对中国区域水

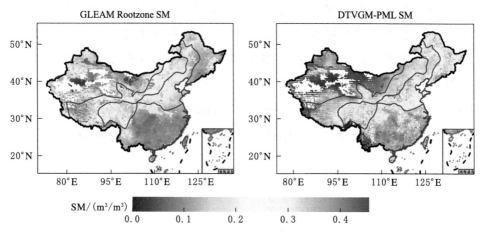

图 3.14　GLEAM 根区土壤含水量（SM）与 DTVGM－PML 模拟 SM 多年平均值空间分布图

循环变量的模拟效果，包含产流、蒸发与土壤含水量的网格产品数据，实测站点的径流实测数据，不论是网格尺度和站点尺度，DTVGM－PML 均能较为准确地模拟中国的水文过程，表明 DTVGM－PML 能够适用于中国区域的水循环模拟，这也为后续章节变化环境下水文响应研究奠定基础。

大量研究已经证明了水文模型多变量率定框架的有效性（Finger et al.，2015；Bai et al.，2018；Demirel et al.，2018；Nijzink et al.，2018；Dembélé et al.，2020；Xie et al.，2020）。本书基于多变量率定方法，以率定期内的产流（IGSNRR）和蒸发（GLEAM）产品数据为参考，率定每个网格中的模型参数，并在验证期针对产流、蒸发以及土壤水量数据进行独立模型验证。另外，本书还利用不同气候区 30 个典型流域出口水文站的实测径流数据来验证模型对径流的模拟性能。需要注意的是每个流域内的网格产流是使用一致的汇流参数经汇流程序演算到相应的水文站。尽管水文模型的率定通常需要实测径流数据（Dembélé et al.，2020），但已有研究探索了仅利用遥感蒸发数据（不使用实测站点径流数据）来进行模型率定的潜力，并在径流模拟中

3.3 模拟验证

取得了令人鼓舞的结果（Huang et al.，2020；Zhang et al.，2020）。本书中展示的 DTVGM-PML 较好的模拟结果显示了多变量率定策略的高度可靠性以及模型对中国区域水循环模拟的适用性。

干旱和半干旱地区的水文模拟仍然具有挑战性（Wheater et al.，2007；Huang et al.，2016；Yang et al.，2019）。DTVGM-PML 在湿润和半湿润地区的径流模拟效果比干旱和半干旱地区更好（图3.4 和图3.5）。这与以往关于不同气候区水文模拟效果的结论一致，即在干旱和半干旱地区取得较好的模拟效果比在湿润和半湿润地区更具挑战性。干旱和半干旱地区水文模拟性能相对较差的原因可能是模型结构缺陷、驱动数据误差以及用于模型率定的参考数据的不确定性。例如，大尺度水文模型可能忽略了复杂的过程，如地表-地下水相互作用和河道损失（Oubeidillah et al.，2014）。驱动数据的质量（降水等）也影响水文模型在径流模拟中的性能（Mizukami et al.，2017）。此外，与实测径流数据不同，本书用于模型率定的参考数据（产流和蒸发产品）并不是标准的实际观测数据。Zhang et al.（2014）表明 IGSNRR 产品数据在中国西部地区存在一定的不确定性。并且干旱地区的水文模拟也一直是 VIC 模型的一大挑战（Oubeidillah et al.，2014；Yang et al.，2019）。Yang et al.（2017）指出，GLEAM 蒸发数据有明显的系统性偏差，其高估了森林地区涡度协方差蒸发量。尽管存在一定的不确定性，这些再分析数据集在时空动态特征方面对于大尺度分布式水文模型的率定是十分重要的。

第 4 章

中国尺度 DTVGM – PML 模型参数区域化

水文模拟通常需要准确的降水等输入数据来驱动模型。但是，目前全球部分区域气象和水文测站建设还不够完善，比如偏远地区高精度测站布置困难，发展中国家测站数量有限，以及部分水循环变量（蒸发、下渗、地下水等）难以测量。无资料地区的水文模拟和预测（Prediction in Ungauged Basins，简记为 PUB）是水文学家面临的最重要和最具挑战的问题之一（Guo et al.，2021）。为了解决 PUB 问题，研究者一般采用区域化方法将模型参数或其他信息从有资料地区（参证流域）移植到无资料地区（目标流域），来实现无资料地区的水文模拟及预测（He et al.，2011；Parajka et al.，2013；Razavi et al.，2013）。

水文模型的参数区域化方法一般分为三类，即基于相似性的方法、基于回归的方法和基于水文特征的方法，其中最常用的是基于回归的方法，因为其具有简单、快速和直观的特点（Parajka et al.，2005；Heuvelmans et al.，2006；Young，2006；Oudin et al.，2008；Bao et al.，2012；Razavi et al.，2013；Pagliero et al.，2019）。基于回归的方法旨在建立水文模型参数与流域属性特征（如土壤、地形和气候变量）之间的回归关系，来估计目标流域的参数（Xu，1999；Hundecha et al.，2004；Young，2006；Livneh et al.，2013）。传统的基于回归的方法，如广泛应用的多元线性回归（Sefton et al.，1998；Parajka et al.，2005；Pagliero et al.，2019），存在一定的局限性。由于流域属性特征之间可能存在多重共线性及高度相关性、物理属性与模型参数之间具有非平稳的复杂且非线性关系，因此回归方法的结果不具备代表性（Kuczera et al.，1998；Blöschl，2005；Zhang et al.，2018；Pagliero et al.，2019；Yang et al.，2020；Guo et al.，2021）。

机器学习技术提供了一种替代方案，来解决线性回归方法存在的一些问题。机器学习专门用于解决特定任务，如分类问题、回归问题等，并已广泛应用于众多水文水资源领域（Lima et al.，2015；Yaseen et al.，2015；Shen，2018；Zhang et al.，2018；Adnan et al.，2019；Huntingford et al.，2019；Rajaee et al.，2019）。已有一些研究将机器学习技术应用于水文模型的参数区域化中，并取得了较好的结果（Heuvelmans et al.，2006；Sun et al.，2014；Zhang et al.，2018；Prieto et al.，2019）。本章利用一种常用的机器学习方法，Gradient Boosting Machine（GBM）（Friedman，2001），构建分布式水文模型DTVGM-PML关键产流参数与物理属性之间的联系，实现全国尺度的参数区域化，解决无资料地区的水文模拟问题，并与传统的多元线性回归（Multiple Linear Regression，简记为 MLR）方法进行对比。本章的主要目标为：①探究 GBM 相对于传统 MLR 方法的参数区域化的有效性及优势；②发展一套基于土壤和地形属性的中国大尺度水文模型参数集；③辨识模型参数在不同气候区的关键控制因子。

4.1 参数区域化方案

本章的框架结构如图 4.1 所示，第 3 章已完成 DTVGM-PML 模型在全国尺度的率定与检验，得到 0.25°×0.25°网格参数集，包含 g_1、g_2、k_s、k_r、k_g 和 W_M 6 个产流参数，作为响应变量。本书选用了两类代表性的物理属性（表 4.1）作为解释变量：①地形属性，包含高程和坡度；②土壤属性，包含砂土、壤土、黏土含量，田间持水量，凋萎含水量，残余含水量，饱和含水量和饱和水力传导系数。

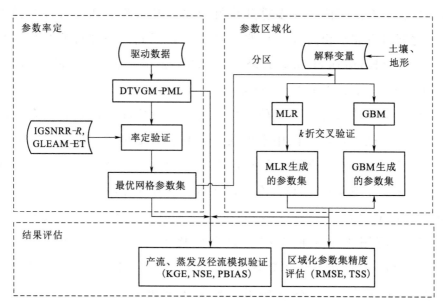

图 4.1　参数区域化方案框架图

本书首先剔除 DTVGM-PML 模型验证效果不佳的网格，即 KGE_R 或 KGE_{ET} 小于 0 的网格（基于第 3 章得到的每个网格的验证期模型精度 KGE_R 和 KGE_{ET}）。研究利用 MLR 和 GBM 构建模型参数与物理属性之间的关系，采用交叉验证的方式训练模型得到每个网格区域化后的参数，与率定参数对比，评估区域化方案的参数模拟精度，并对三套参数驱动模型得到的水循环变量序列进行验证，评估区域化参数的水文模拟性能。

本章选用的评价指标除了第 3 章所用的 KGE、NSE、PBIAS、TSS 外，还增加了用于评估参数模拟精度的均方根误差（RMSE），RMSE 越低表示精度越高。其公式为

$$\text{RMSE} = \sqrt{\frac{1}{n}\sum_{i=1}^{n}(X_{si} - X_{oi})^2} \qquad (4.1)$$

式中：X_{oi}、X_{si} 分别为实测序列和模拟序列；n 为序列长度。

表 4.1　　　　　　　　　物 理 属 性 变 量 信 息

类型	变量名及缩写	单位	来　源
地形	高程（elev）	m	航天飞机雷达地形测绘任务（SRTM）
	坡度（slp）	(°)	由高程计算得到
土壤	砂土含量（snd）	g/kg	（Liu et al.，2020）
	壤土含量（slt）	g/kg	
	黏土含量（cly）	g/kg	
	田间持水量（fc）	cm^3/cm^3	
	凋萎含水量（pw）	cm^3/cm^3	
	残余含水量（thr）	cm^3/cm^3	
	饱和含水量（ths）	cm^3/cm^3	
	饱和水力传导度（ksat）	cm/d	

4.1.1　机器学习算法 GBM

GBM 是一种非常流行的机器学习算法（Friedman，2001），属于 Boosting 算法的一种，已成功在众多领域得到广泛应用，如分类问题（Lawrence，2004；Xia et al.，2020）和回归问题（Yan et al.，2019；Xenochristou et al.，2020；Liao et al.，2020），本书研究属于回归问题。其基本原理是连续串行地构建多个弱学习器，以累加的形式结合到现有模型中，根据当前模型损失函数的负梯度信息来训练新加入的弱学习器，即目标是使加上该弱学习器后的累积模型损失朝负梯度的方向减小，并用不同的权重将基学习器进行线性组合，使表现优秀的学习器得到重用，最常用的基学习器为决策树（Natekin et al.，2013；

Schütz et al., 2019)。

GBM 的基本步骤如下：

给定样本序列 (x_i, y_i)，其中 $i=1,\cdots,n$，n 为样本数量。目标是拟合一个函数 $F(x)$，使损失函数 $L[y, F(x)] = [y - F(x)]^2 / 2$ 最小。即通过调整 $F(x)$ 使累积损失函数 $J = \sum L[y, F(x)]$ 最小。将 $F(x)$ 视为参数，进行求导得到：

$$\frac{\partial J}{\partial F(x)} = \frac{\partial \sum L[y, F(x)]}{\partial F(x)} = \frac{\partial L[y, F(x)]}{\partial F(x)} = F(x) - y \quad (4.2)$$

式中：x 为解释变量（自变量），在本书研究中为物理属性变量，如土壤和地形属性变量；y 为响应变量（因变量），在本书研究中为水文模型参数；L 为损失函数，本书研究选用平方和损失；J 为累积损失函数；F 为需拟合的函数，即构建响应变量与解释变量之间联系的函数。

因此，残差 $y - F(x)$ 可以解释为损失函数的负梯度 $g(x)$，即

$$y - F(x) = -\frac{\partial J}{\partial F(x)} = -g(x) \quad (4.3)$$

GBM 通过借鉴梯度下降法的思想基于当前损失函数的负梯度方向以累加迭代的形式不断更新修正模型，进行最优函数的搜索。为了能够求解出最优的函数 $F(x)$，首先设置初始值：$F_0(x) = h_0(x)$，以函数 $F(x)$ 作为一个整体，类似于梯度下降法的更新过程，假设经过 k 次迭代得到最优的函数为

$$F_k(x) = \sum_{i=0}^{k} h_i(x) \quad (4.4)$$

其中，$h_i(x)$ 为

$$h_i(x) = -\alpha_i g_i(x) \quad (4.5)$$

式中：$h(x)$ 为弱学习器；α 为学习率，范围为 $0 \sim 1$；$g(x)$ 为损失函数梯度。

在初始化模型时可以使用预测输出样本的平均值 $\sum y / n$ 等简单模型。在梯度提升的第 k 轮迭代中，算法并不改变已有的可能不完美的模型

$F_{k-1}(x)$，而是通过增加一个弱学习器 $h(x)$ 构建新的模型 $F_k(x) = F_{k-1}(x) + h(x)$ 来提升整体模型的精度。梯度提升方法认为最优的学习器 $h(x)$ 应满足 $F_k(x) = F_{k-1}(x) + h(x) = y$，即 $h(x) = y - F_{k-1}(x)$。因此，GBM 是将 $h(x)$ 与残差 $y - F_{k-1}(x)$ 拟合，得到 F_k 来不断修正 F_{k-1}，且残差是损失函数的负梯度方向。值得注意的是 GBM 允许使用其他损失函数来进行推广应用。

4.1.2 多元逐步线性回归

多元逐步线性回归（MLR）以一种简单、快速直接的方式将响应变量与解释变量联系起来（Lima et al.，2015；Zhang et al.，2018）。通过逐步引入或剔除自变量，不断减小误差，从而产生最优的模型，并能够识别对因变量影响最大的因子（Shu and Ouarda，2012；Lima et al.，2015；Waseem et al.，2016）。与 GBM 不同，MLR 能够给出显式的方程来量化响应变量与解释变量之间的关系。

MLR 将响应变量表示为解释变量的线性函数，其一般形式为

$$y = a_0 + \sum_{i=1}^{m} a_i x_i \tag{4.6}$$

式中：m 为解释变量个数，本书研究中为物理属性个数；a_0，…，a_m 为线性回归系数。

逐步回归的基本步骤就是将解释变量逐个引入模型，每引入一个变量，对其做显著性检验，判断该变量对响应变量的影响是否显著，从而考虑是否引入。并对已存在的解释变量做显著性检验，考虑剔除影响不显著的解释变量。直至没有显著的变量可以引入模型，也没有不显著的变量可以剔除为止，得到最优的模型。

本书中 GBM 和 MLR 模型分别是基于 R 包"caret"（Kuhn，2008）中的"gbm"和"lmStepAIC"方法所构建的。并使用 10 折交叉验证方法来避免过度拟合，减少预测不确定性，从而提高准确性（Natekin et al.，2013）。

4.2 结果分析

4.2.1 参数区域化精度

本节主要评估了四个气候区 GBM 和 MLR 对 6 个 DTVGM-PML 产流参数的模拟精度,图 4.2~图 4.5 分别给出了湿润区、半湿润区、半干旱区和干旱区的 RMSE 对比结果,箱线图是由交叉验证中的 10 份样本的率定参数与两个模型区域化后参数计算出的 RMSE 值所绘制的。在湿润区(图 4.2)和干旱区(图 4.5),GBM 生成的参数的 RMSE 值相对更低,且根据 Kruskal-Wallis 显著性检验的结果,两个参数集的 RMSE 之间存在显著差异($p<0.05$),这也表明 GBM 对于 6 个参数模拟的表现显著优于 MLR。而在半湿润区(图 4.3)和半干旱区(图 4.4),GBM 对于参数 g_1 和 g_2 模拟的 RMSE 与 MLR 的 RMSE 之间没有显著差异($p>0.05$),对于其他参数(k_s、k_r、k_g 和 W_M)的结果,GBM 的 RMSE 值显著低于 MLR 的 RMSE 值($p<0.05$)。

从图 4.6 也可以看出,GBM 对于 6 个模型参数模拟的泰勒技能得分(TSS)相对 MLR 来说有非常明显的提升,如 MLR 对参数 g_1 模拟的 TSS 值为 0.254,GBM 模拟的 TSS 为 0.508;参数 g_2 的 TSS 从 0.135 增加到 0.424;参数 k_s 的 TSS 从 0.14 增加到 0.385;参数 k_r 的 TSS 从 0.141 增加到 0.519;参数 k_g 的 TSS 从 0.181 增加至 0.504;参数 W_M 的 TSS 从 0.301 提升至 0.638。

图 4.7 显示了率定(CLB)和区域化(MLR 和 GBM)后的 3 个参数集的空间分布。整体来看,MLR 和 GBM 生成的模型参数相对于率定参数在空间上均表现出了良好的一致性。得益于通过区域化方法所构建的模型参数与土壤和地形属性之间的联系,区域化后的参数在空间上相对于率定参数具有更好的空间连续性及空间模式特征。与 MLR 生成的参数相比,GBM 生成的参数在空间上与率定参数更为一致。比

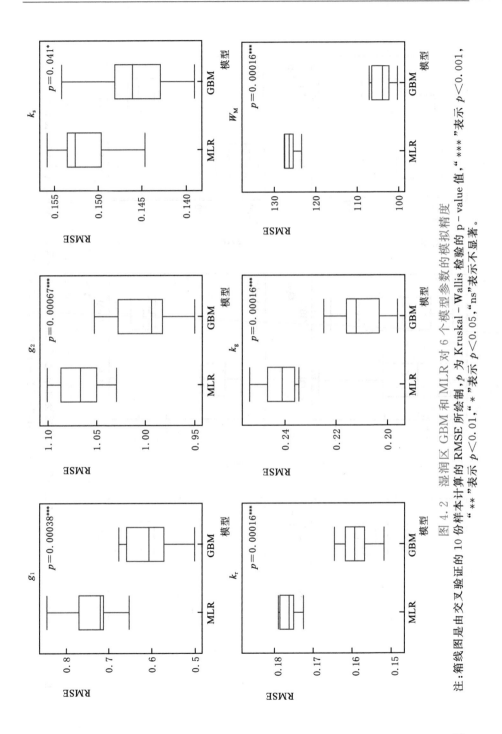

图4.2 湿润区GBM和MLR对6个模型参数的模拟精度

注：箱线图是由交叉验证的10份样本计算的RMSE所绘制，p为Kruskal-Wallis检验的p-value值，"***"表示$p<0.001$，"**"表示$p<0.01$，"*"表示$p<0.05$，"ns"表示不显著。

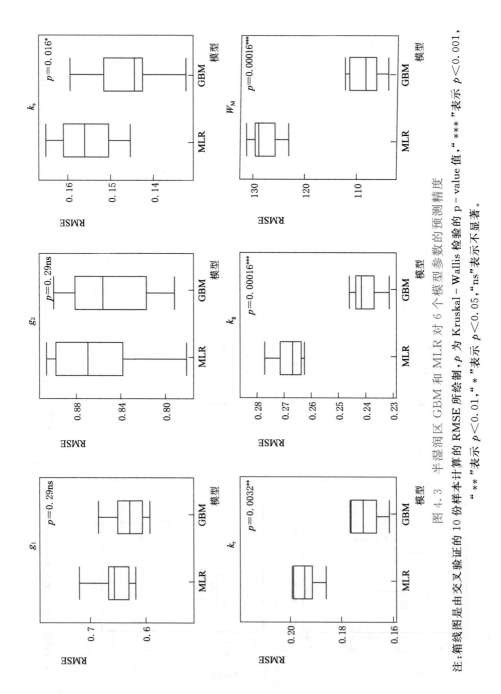

图 4.3　半湿润区 GBM 和 MLR 对 6 个模型参数的预测精度

注：箱线图是由交叉验证的 10 份样本计算的 RMSE 所绘制，p 为 Kruskal-Wallis 检验的 p-value 值，"***" 表示 $p<0.001$，"**" 表示 $p<0.01$，"*" 表示 $p<0.05$，"ns" 表示不显著。

4.2 结果分析

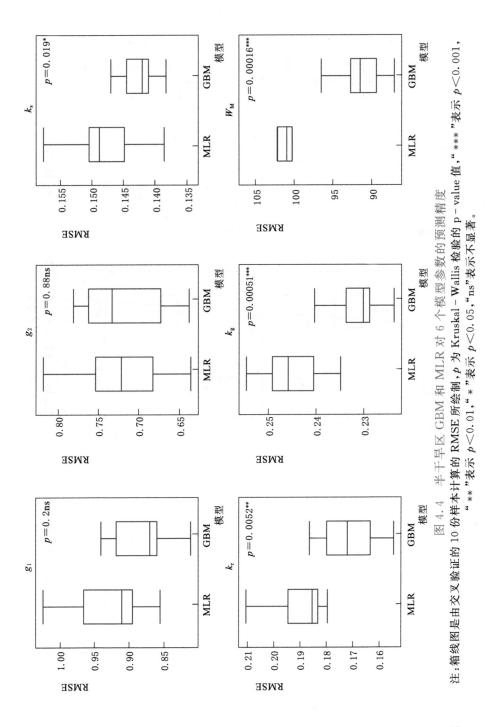

图 4.4 半干旱平区 GBM 和 MLR 对 6 个模型参数的预测精度

注：箱线图是由交叉验证的 10 份样本计算的 RMSE 所绘制，p 为 Kruskal-Wallis 检验的 p-value 值，"***"表示 $p<0.001$，"**"表示 $p<0.01$，"*"表示 $p<0.05$，"ns"表示不显著。

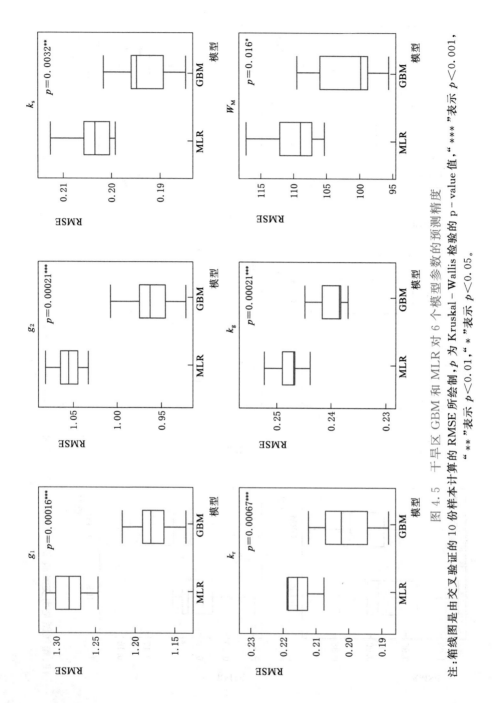

图 4.5　干旱区 GBM 和 MLR 对 6 个模型参数的预测精度

注：箱线图是由交叉验证的 10 份样本计算的 RMSE 所绘制，p 为 Kruskal-Wallis 检验的 p-value 值，"***"表示 $p<0.001$，"**"表示 $p<0.01$，"*"表示 $p<0.05$。

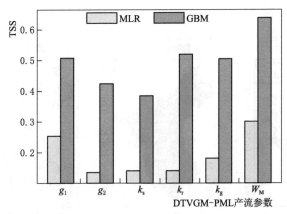

图 4.6　GBM 和 MLR 对 DTVGM-PML 6 个产流参数
模拟的泰勒技能得分（TSS）对比

如图 4.7（a1）～（a3），MLR 低估了中国西南部分区域（云南省）的参数 g_1 值，而 GBM 生成的参数更接近率定值。如图 4.7（e1）～（e3）所示，在中国东部部分区域（山东省），MLR 生成的参数 k_g 也相对低估。

从图 4.7 中也可以看出每个参数的空间分布规律，对于参数 g_1，其在整个中国区域取值主要集中在 0～1.6 之间，约占 80% 的网格。且 g_1 在相对干旱的区域取值更大，在越湿润区取值相对越低，g_1 在湿润区、半湿润、半干旱区和干旱区的主要取值范围区间分别为 0～0.5（约 80%）、0.2～0.8（约 75%）、0.4～1.2（约 70%）、1～2.5（约 70%）。对于参数 g_2，其在整个中国区域取值主要集中在 3～4 之间，约占 75% 的网格。g_2 在不同气候区取值基本一致，湿润区、半湿润区、半干旱区和干旱区的 g_2 取值为 3～4 所占各区域比例分别约为 65%、80%、80%、和 70%。对于参数 k_s，其在整个中国区域取值主要集中在 0.1～0.4 之间，约占 85% 的网格，不同气候区之间没有明显差异。对于参数 k_r，其在整个中国区域取值主要集中在 0.1～0.4 之间，约占 85% 的网格，不同气候区之间有一定差异。湿润区取值集中在 0.25～0.54 之间（约 70%），半湿润区取值基本在 0.2 左右（约 60%），半干旱区取值在 0.1～0.3 之间（约 65%），干旱区取值较为分散，

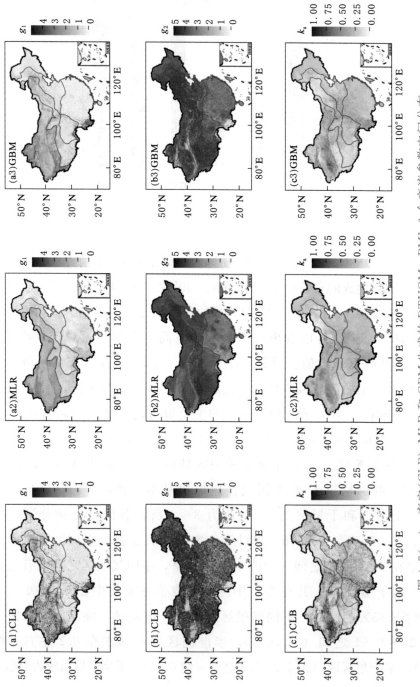

图 4.7（一） 率定（CLB）、MLR 和 GBM 生成的 DTVGM-PML 6 个产流参数空间分布

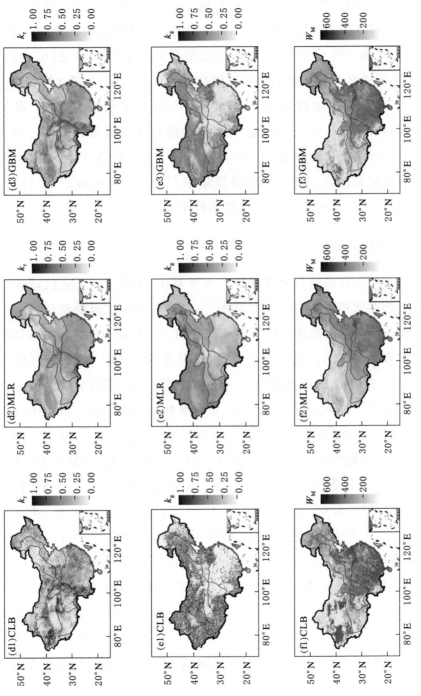

图4.7(二) 率定(CLB)、MLR和GBM生成的DTVGM-PML 6个产流参数空间分布

在 0.1～0.4 之间（约 75%）。对于参数 k_g，其在整个中国区域取值较为分散，超过 95% 的网格取值在 0～0.6 之间，其在湿润区相对较低，在 0～0.2 之间（约 60%），半湿润区取值分散，在 0～0.6 之间（超过 95%），半干旱区和干旱区取值相对较高，在 0.4～0.6 之间（分别约占 50% 和 75%）。对于参数 W_M，其在整个中国区域取值较为分散，超过 95% 的网格取值在 1～500mm 之间。其在湿润区取值相对较高，湿润区和半湿润区取值集中在 200～400mm 之间（分别约占 60% 和 70%），干旱区取值相对较低，半干旱区取值集中在 100～300mm 之间（约占 70%），而干旱区有约 65% 的区域取值低于 100mm。

4.2.2 水文模拟验证

为了评估参数区域化的有效性，本节利用 MLR 和 GBM 区域化后的参数驱动水文模型 DTVGM-PML，进行全国水文模拟验证，并与率定参数驱动模型的结果对比。图 4.8 和图 4.9 分别为率定期和验证期基于率定参数（CLB）和区域化参数（MLR 和 GBM）的四个气候区（图 3.1）产流模拟 KGE 累积频率分布（CDF）图。黑色实线为率定参数驱动的结果，蓝色点划线为 MLR 生成参数驱动的结果，红色虚线为 GBM 生成参数驱动的结果。不论是率定期还是验证期，区域化参数产流模拟的 KGE 略低于率定参数的结果，但是 GBM 的表现要比 MLR 更优，其 CDF 相对更接近率定的 CDF。在率定期（图 4.8），MLR 的 KGE 中位数分别为 0.73（湿润区）、0.60（半湿润区）、0.59（半干旱区）和 0.48（干旱区），GBM 的 KGE 中位数分别为 0.78（湿润区）、0.69（半湿润区）、0.70（半干旱区）和 0.56（干旱区）。在验证期（图 4.9），MLR 的 KGE 中位数分别为 0.72（湿润区）、0.61（半湿润区）、0.61（半干旱区）和 0.47（干旱区），GBM 的 KGE 中位数分别为 0.75（湿润区）、0.67（半湿润区）、0.69（半干旱区）和 0.54（干旱区）。GBM 的 KGE 中位数相对 MLR 在率定期和验证期分别平均提高了 0.08 和 0.06。

4.2 结果分析

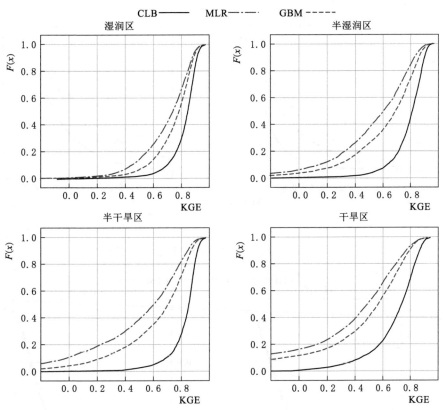

图 4.8　率定参数（CLB）与区域化参数（MLR 和 GBM）驱动模型的
不同气候区率定期产流模拟 KGE 累积频率分布

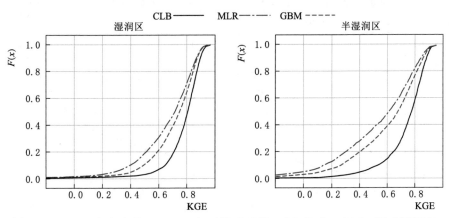

图 4.9（一）　率定参数（CLB）与区域化参数（MLR 和 GBM）驱动模型的
不同气候区验证期产流模拟 KGE 累积频率分布

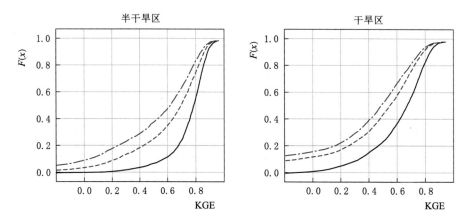

图4.9(二) 率定参数(CLB)与区域化参数(MLR和GBM)驱动模型的不同气候区验证期产流模拟KGE累积频率分布

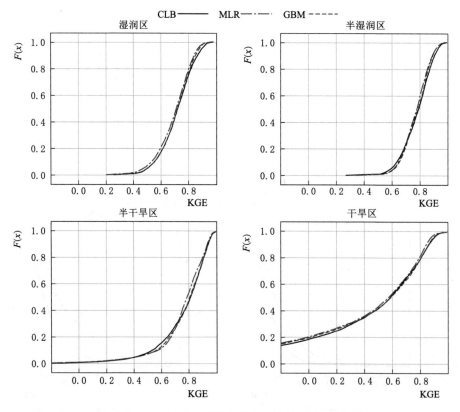

图4.10 率定参数(CLB)与区域化参数(MLR和GBM)驱动模型的不同气候区率定期蒸发模拟KGE累积频率分布

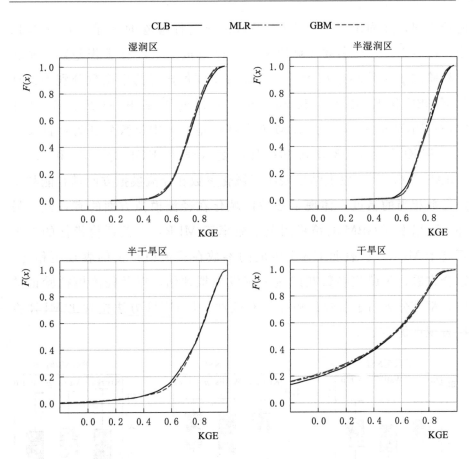

图 4.11 率定参数（CLB）与区域化参数（MLR 和 GBM）驱动模型的
不同气候区验证期蒸散发模拟 KGE 累积频率分布

而对于蒸发的模拟，如图 4.10 和图 4.11 所示，三个参数集 KGE 的 CDF 图基本重合，表明区域化参数驱动模型在蒸发模拟上的表现与率定参数驱动模型的结果没有差异。这主要是因为本书只对 DTVGM－PML 的产流参数进行区域化，而有关蒸发的参数采用经验值或不同土地利用类型的推荐值。

本书进一步评估了参数区域化在径流模拟上的表现，图 4.12 展示了率定参数和区域化参数在 30 个典型流域出口站点径流模拟的效果对比，分别给出了日尺度和月尺度的 NSE 和 KGE 以及 PBIAS 评价指标的箱线图，并列出了 Kruskal-Wallis 显著性检验的 p 值。从图 4.12 中可以看出，三套参数计算出来的径流模拟结果没有显著差异（显著性检验的 p 值均小于 0.05）。MLR 五个评价指标的中位数分别为：日尺度 NSE 和 KGE 为 0.55 和 0.67；月尺度 NSE 和 KGE 为 0.83 和 0.78；PBIAS 为 7.5%。GBM 五个评价指标的中位数分别为：日尺度 NSE 和 KGE 为 0.58 和 0.69；月尺度 NSE 和 KGE 为 0.85 和 0.79；PBIAS 为 6.4%。以上结果表明区域化参数在径流模拟方面具有能与率定参数相当的精度，体现了参数区域化在径流模拟方面的有效性。另外，可以发现 GBM 的箱线图范围略窄于 MLR，尤其评价指标的下限要高于 MLR，这表明 GBM 生成的参数在径流模拟上的表现更稳定。综合来看，区域化参数在产流和蒸发模拟评估，以及径流模拟验证的结果都充分表明了参数区域化的有效性，且 GBM 方法相对比 MLR 方法表现更优。

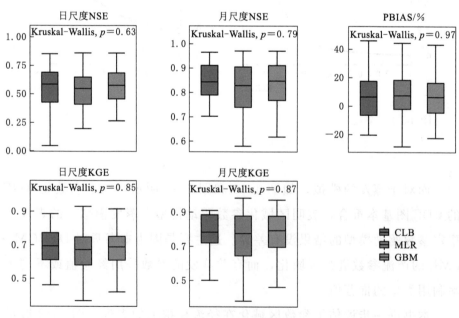

图 4.12　率定参数（CLB）和区域化参数（MLR 和 GBM）径流模拟效果对比

4.2.3 水文模型参数主导因子识别

为了进一步理解模型参数与各物理属性之间的关系，本书基于 GBM 模型分析了土壤和地形属性对于模型参数的影响，并计算了不同属性的相对重要性（图 4.13）。该值是通过对每个解释变量的所有决策树分裂点平方误差的改进（减少）进行平均得到的，范围从 0（最不重要）到 100（最重要），平方误差减少程度最大的变量被认为是最重要的变量（Natekin et al.，2013；Xia et al.，2020）。图 4.13 给出了 GBM 模型中解释变量（物理属性）在 4 个气候区中对于 6 个模型参数的相对重要性［图 4.13 (a)］，以及每个参数和每个气候区的平均相对重要性的边际图［图 4.13 (b)~(d)］。整体上来看，如图 4.13 (d) 显示，地表坡度（slp）、高程（elev）和饱和土壤含水量（ths）是对 DTVGM-PML 六个产流参数最关键的解释变量，三者相对重要性之和占 45%，表明地表坡度、高程和饱和土壤含水量是对产流过程影响最大的物理属性。对于不同区域和不同模型参数而言，其相对影响存在一定差异。如图 4.13 (a) 和图 4.13 (c) 显示，坡度在湿润区和半湿润区对 6 个产流参数的平均相对重要性分别为 21.1% 和 17.2%，均为最高，即在湿润半湿润地区，坡度对大多数模型参数起决定性作用。而对于干旱半干旱地区，高程对大部分参数的影响更大，其平均相对重要性分别为 17.2% 和 14.6%，坡度和饱和土壤含水量的作用相当，对应的干旱区平均相对重要性分别为 14.7% 和 12.1%，半干旱区分别为 14% 和 13.9%。从不同类型参数来看［图 4.13 (b)］，控制地表和壤中流生成的模型参数（g_1，g_2 和 k_s）的主导因素是坡度，其平均相对重要性接近 20%。对于与地下水运动相关的参数（k_r，k_g 和 W_M），地形属性占主导作用（坡度和高程平均相对重要性之和约为 30%），其次是饱和土壤含水量（平均相对重要性超过 10%）。另外饱和水力传导度（k_{sat}）对 k_g 和 W_M 也有一定影响，其相对重要性与饱和土壤含水量相当。

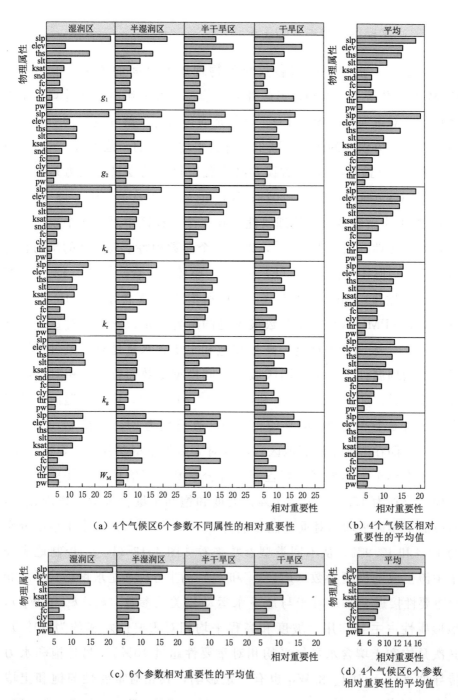

图 4.13 基于 GBM 模型的物理属性在不同气候区对于模型参数的相对重要性

4.3 对参数区域化方案的讨论

4.3.1 GBM 参数区域化方案的优势

本章以土壤和地形属性作为解释变量，基于 GBM 模型构建了 DTVGM-PML 参数区域化方案，并与传统的 MLR 模型比较。总体而言，GBM 在三个方面的评估均优于 MLR：①GBM 能更准确地模拟模型参数，表现为 GBM 相对于 MLR 具有更低的 RMSE（图 4.2～图 4.5）以及与率定参数更一致的空间模式（图 4.7）；②GBM 生成的模型参数的产流模拟效果优于 MLR（图 4.8 和图 4.9）；③区域化参数与率定参数在 30 个典型流域径流模拟验证的效果相当，且 GBM 的结果相对 MLR 更稳定（图 4.12）。另外，值得注意的是蒸散发模块的参数（即 PML 模型中的参数）没有参与模型率定，这也解释了为什么区域化参数与率定参数在蒸散发模拟的表现没有差异（图 4.10 和图 4.11）。综上所述，GBM 方法作为一种集合技术，在水文模型参数区域化方面具有明显优势，其能够获得比 MLR 方法更高的参数估计精度以及更准确的水文模拟效果。

对于网格尺度的产流模拟，GBM 的表现优于 MLR，但在典型流域径流验证方面，两者表现没有显著差异。可能的原因有三点：①研究使用的实测站点径流数据与网格产流数据是相互独立的，这可能会导致模型对于产流和径流模拟效果存在差异；②用于径流验证的流域大部分位于湿润和半湿润地区，与干旱和半干旱地区相比，区域化参数与率定参数在湿润和半湿润地区的产流模拟效果差异相对较小；③流域内网格尺度汇流过程会平滑来自多个空间分布网格产流的异质性。本书建议，需要利用多个典型流域的实测径流数据，特别是干旱地区，对不同参数区域化方法生成的模型参数进行径流模拟验证。参数区域化评估与径流验证结果可能存在一定差异，这也突出了在参数区域化后再进行流域尺度径流验证的必要性。

本章基于GBM方法构建了水文模型参数与土壤和地形属性之间的联系,为水文模型参数区域化提供了有效工具,并达到了令人满意的精度(特别是在湿润地区)。本书也推动了该领域未来进一步的探索,其包括但不限于:①改进模型结构以更好地模拟复杂下垫面条件和变化环境下的水文响应;②选择更全面的物理属性进行参数区域化,如植被和气候因素。尽管GBM方法不能像MLR方法那样提供一个显示的公式,来直观地表示响应变量与解释变量之间的关系。但GBM能够根据解释变量准确地估计响应变量,更重要的是,基于机器学习方法的参数区域化方案,能够识别不同响应变量的主导因子,从而初步评估地形和土壤属性对水文模型参数的相对重要性及影响机制。

4.3.2 模型参数主导因子理解

产流过程主要由区域气候特征、植被覆盖、土地利用、地形条件和土壤状况所控制(Freeze,1974;Dunne et al.,1978;Tarboton,2003;Mizukami et al.,2017)。本章使用GBM方法可以通过土壤和地形属性来估计DTVGM-PML产流参数,包括坡度、高程、饱和土壤含水量、饱和水力传导系数、田间持水量、土壤质地等。整体来看,基于GBM模型得到的不同物理属性的相对重要性结果表明,DTVGM-PML的产流参数主要由坡度、高程和饱和土壤含水量控制。此外,不同气候区差异显示,地形属性,尤其是坡度,对湿润区的产流过程起决定性作用,而在相对干旱区域,高程的影响更大,同时,饱和土壤含水量也是干旱区产流过程的一个制约因素。

以往大量研究已经表明坡度对产流过程能产生很大影响(Tarboton,2003;Chaplot et al.,2003;Akbarimehr et al.,2012;Garg et al.,2013)。坡度越陡可能会导致含水层的排水速度越快(Zecharias et al.,1988;POST et al.,1996;Beck et al.,2020)。本章的结

果显示，坡度似乎是DTVGM-PML中控制地表产流和壤中流过程参数（g_1，g_2和k_s）的最关键的因素，这与以往的一些研究结果较为一致。比如，Garg et al.（2013）基于改进的NRCS-CN（natural resources conservation service curve number）方法发现坡度会对Solani流域的地表产流过程产生显著的影响。一些报告中也指出，壤中流的产生也依赖于陡峭的坡度以及较高的饱和水力传导系数（Freeze，1972；Freeze，1974；Montgomery and Dietrich，2002）。产流参数g_1表示土壤含水量达到最大值时（即$W/W_M=1$）的地表产流系数，参数g_2为相对土壤含水量（W/W_M）的幂。从模型参数与物理属性之间的偏相依关系（图4.14）可以看出，参数g_1随着坡度增加而增加，参数g_2随着坡度增加而减小，根据式（2.14），g_1增加和g_2减小都会导致地表产流量的增加，表明地表产流量会随着坡度的增加而增加，这与之前的研究结论保持一致（Huang，1995；Chaplot et al.，2003）。

对地下水补给过程和基流过程来说，本章认为其相关的参数（k_r和k_s）很大程度上受高程的影响。一般而言，基流主要受地下特征和降水量以及降水形式的影响，而这些又由地表高程梯度控制。高程梯度通过地形效应对降水和温度的影响来影响基流，其可以增加降水量及高海拔地区积雪深度和时间（Segura et al.，2019）。有研究表明，高海拔流域的基流产量通常较大，在低海拔流域和较高的平均气温及潜在蒸散发的区域，基流量普遍较小（Rumsey et al.，2015）。另外，饱和土壤含水量对地下水过程也有一定影响。如Chiew et al.（2005）发现SIMHYD模型的地下水补给参数和基流衰退参数与植物有效持水能力高度相关，而植物有效持水能力一定程度反映了土壤蓄水容量的大小。对于DTVGM-PML的土壤饱和蓄水容量W_M，其与饱和土壤含水量概念不太一样，后者等效于土壤有效孔隙度。在很多概念性水文模型中，土壤含水量相关的状态变量可能与实际情况不同（Zhuo et al.，2016）。有研究表明，土壤厚度以及地质和地貌特征控制着土壤蓄

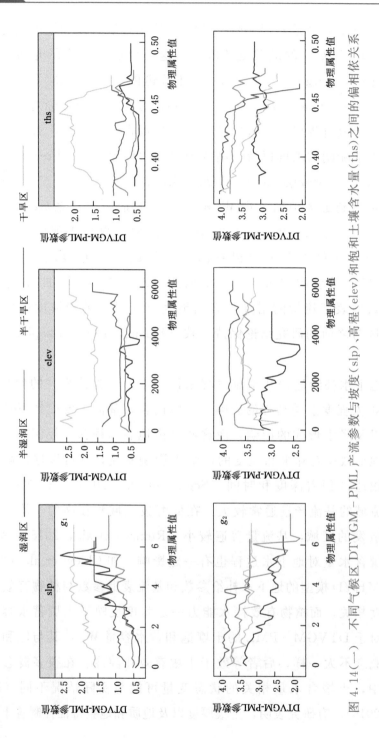

图 4.14(一) 不同气候区 DTVGM-PML 产流参数与坡度(slp)、高程(elev)和饱和土壤含水量(ths)之间的偏相依关系

4.3 对参数区域化方案的讨论

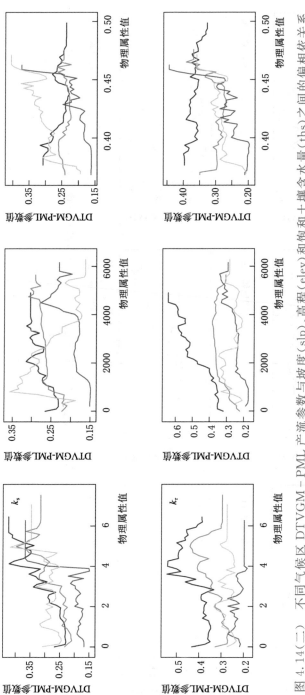

图 4.14(二) 不同气候区 DTVGM-PML 产流参数与坡度(slp)、高程(elev)和饱和土壤含水量(ths)之间的偏相依关系

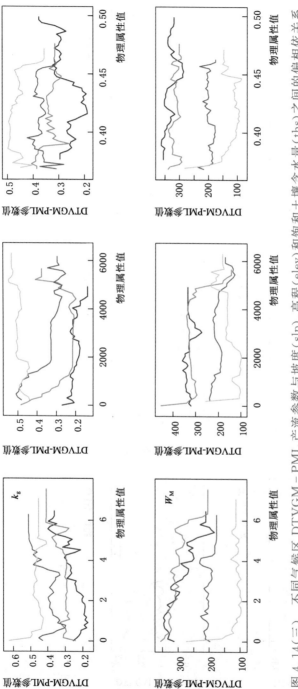

图 4.14(三) 不同气候区 DTVGM-PML 产流参数与坡度(slp)、高程(elev)和饱和土壤含水量(ths)之间的偏相依关系

水容量（Tague et al., 2004; Jefferson et al., 2006; Bloomfield et al., 2009）。而地表坡度与土壤厚度有一定的相关性，因此坡度对 W_M 的影响也较大。未来研究可以将土壤厚度数据作为解释变量之一进行水文模型的参数区域化，以获得更可靠的结果。

4.3.3 参数区域化的必要性

水文模型通常需要通过参数区域化来将模型参数或其他信息从资料丰富区域移植到资料匮乏区域（He et al., 2011; Hrachowitz et al., 2013; Parajka et al., 2013; Pagliero et al., 2019）。尽管本书第3章已通过多变量参数率定框架得到了全国 15640 个网格的参数集，但是，在 162 个网格上，产流验证期 KGE 小于 0，本书认为这些网格上的参数并不可靠，其运行的模型（DTVGM – PML）性能表现较差（Koskinen et al., 2017; Knoben et al., 2018; Sutanudjaja et al., 2018）。因此，本书剔除掉这些网格后，仅使用 KGE≥0（表示模型性能较好）的网格参数进行参数区域化。然后再利用区域化后的参数重新运行模型，其中有 50% 的网格模型性能得到了提高，并且，41% 的网格 KGE 变为正值，表明模型性能有实质性的改善。

另外，尽管通过模型率定得到每个网格的参数集，但是其无法反映参数与土壤和地形属性之间的关系。本书基于机器学习技术（GBM）的参数区域化能够使用特定区域的物理特征来估计 DTVGM – PML 的 6 个产流参数。并且，研究通过 GBM 定量评估了不同物理属性对于模型参数的相对重要性，结果表明，产流参数主要由坡度、高程和饱和土壤含水量控制。在湿润半湿润地区，坡度对大多数模型参数起决定性作用，而高程对干旱半干旱地区大部分参数的影响更大。另外，坡度主要控制表层产流过程（地表产流、壤中流），而高程对基流的控制作用更大。因此，本书基于 GBM 的参数区域化能够增强对不同地形和土壤条件下径流形成过程和关键水文模型参数的物理机制理解。

第 5 章

气候变化和植被变化对中国水循环的影响

近期大量研究表明，20 世纪 80 年代以来，由于日益增加的 CO_2 施肥效应、氮沉积、气候变化和土地利用变化，全球植被发生了广泛且快速的绿化现象（Peng et al.，2011；Zhu et al.，2016；Zeng et al.，2018；Piao et al.，2020）。中国被证明为绿化最显著的区域之一，其贡献了 2000—2017 年全球约 25% 的叶面积增长（Peng et al.，2011；Piao et al.，2015；Chen et al.，2019）。这一定程度上归因于中国为了防止土地荒漠化和缓解气候变化而实施的多项大规模生态保护与修复工程，如"天然林保护工程""退耕还林工程""三北防护林工程"等，其导致中国森林面积大幅增加（Cao et al.，2011；Chen et al.，2015；Zhang et al.，2016）。人为植被恢复工程带来的植被绿化引起了诸如蒸散发和反照率等生物物理反馈过程的变化，使得陆地的碳汇作用增强从而减缓全球变暖（Lu et al.，2018），这对中国"双碳"目标的实现有很大的推动作用。然而，已有研究发现，植被覆盖增加会增加蒸散发，从而导致径流和土壤湿度减少，加剧了局地水资源压力，尤其在对气候变化敏感的干旱区和半干旱区（Brown et al.，2005；Liu et al.，2016；Li et al.，2018；Zeng et al.，2018；Bai et al.，2020；Li et al.，2021）。例如，中国黄土高原的"退耕还林还草"计划是一项大规模的生态恢复计划，Feng et al.（2016）指出该地区的植被恢复正接近可持续的水资源极限，其造成了生态系统和人类之间潜在的水需求冲突。植被对于水资源有限地区的水循环调节作用更大，绿化对水资源的负面影响可能会加剧这些地区的缺水情况，导致中国水资源空间分布更加不均衡（Sun et al.，2006；Zhou et al.，2015；Liu et al.，2016；Zhang et al.，2017；Bai et al.，2019；Bai et al.，2020）。因此，评估植被变化对区域水循环的影响对于中国水资源管理和社会可持续发展至关重要。

以往一般利用大尺度陆面模式来研究植被效应对水文过程的影响，但是该类模型由于结构复杂度高，计算成本高，在模型参数化、率定和验证方面存在挑战（Ivanov et al.，2008；Li et al.，2018；Xi et al.，2018；Zeng et al.，2018）。陆面模式的不确定性来源包括气象驱动数据误差、模型结构缺陷（由于对物理过程认识的不足和异参同效现象），以及初始边界条件的不确定性（Zhang et al.，2021）。一些研究表明，在陆气耦合模型中考虑植被对降水的反馈，对于增强关于植被绿化对降水影响的理解以及准确评估植被变化下的水文响应至关重要（Li et al.，2018；Zeng et al.，2018）。尽管在模型参数优化方面做出了一定的努力，但陆气耦合模型对于水文过程的准确模拟方面还存在一定的不确定性，如遥感叶面积指数（LAI）产品的系统误差（Zhu et al.，2013；Pinzon and Tucker，2014），没有考虑LAI引起的陆地水循环变化对植被活动的间接影响，以及对地球系统描述的不足，尤其是降水模拟存在偏差（Zeng et al.，2018）。区域尺度上降水过程的准确模拟仍然是气候模型的一个主要挑战（Li et al.，2018；Dong et al.，2021）。因此，开发空间分辨率高、水文过程模拟准确、考虑植被动态、参数化简单的大尺度分布式水文模型对于研究植被对中国区域水文的影响至关重要。此外，以往开展的研究主要集中于植被变化对水文过程的影响，忽略了气候变量（如降水和潜在蒸散发）的影响，而气候变化在区域水文中的作用可能比植被更大（Bai et al.，2020）。

并且，植被变化下的水文响应在中国区域存在着高度的空间异质性（Li et al.，2018；Bai et al.，2019）。因此，与过去几十年中发生的剧烈气候变化相比，在全国尺度上植被变化是否以及在哪些区域对水资源变化有更大的贡献还有待进一步探究。

本章首先分析了中国植被变化趋势以及水循环演变规律，然后利用偏相关分析研究了降水（P）、潜在蒸散发（PET）、叶面积指数（LAI）分别与蒸散发（ET）和产流（R）的相关关系，并识别了不同区域 ET 和 R 年际变异的主导因子。通过分别对不同驱动因子（P、PET 和 LAI）去趋势化，设置了 8 种实验情景，基于 DTVGM-PML 进行情景模拟，得到不同情景下的水循环变量（ET 和 R）变化过程，定量分析了 1982—2012 年气候和植被对中国水循环变化的影响及相对贡献。该研究可以为中国不同区域气候变化和植被变化下适应性对策的制定提供技术支撑，对变化环境下中国水资源管理及可持续发展有现实意义。

5.1 研究方法

5.1.1 驱动因子

气候和植被是驱动水循环变化的两大主要因素，准确地评估气候和植被对水循环的影响和贡献对流域水资源管理、自然灾害预警有重要意义。研究选用 P、PET 和 LAI 三个驱动因子进行分析，其中 P 和 PET 表示气候对水循环变化的影响，LAI 表示植被对水循环变化的影响。P 作为主要的大气水分供给，对 ET 和 R 有很大的促进作用。PET 是指下垫面充分供水条件下的最大可能蒸散发（Thornthwaite，1948），采用联合国粮农组织（Food and Agriculture Organization，简记为 FAO）推荐的 FAO-56 参考作物蒸散发公式（Allan et al.，1998）计算［式（5.1）］。本书研究使用 PET 来代表温度、风速、气压和太阳辐射对 ET 大气水分需求的综合影响（Zhang et al.，2015）。LAI 是反映植被利用光能状况和冠层结构的一个综合指标。LAI 增加表明了植被绿化趋势，导致截留蒸发和植物蒸腾增加，但也使土壤表面阴影增加，大气与土壤表面能量传输减弱，从而导致土壤蒸发减少（Zhang et al.，2015）。综上，本章以包括 P 和 PET 的气候因素以及 LAI 的植被因素来评估气候变化和植被变化对中国水循环变化的影响及相对贡献。

$$PET = \frac{0.408\Delta(R_n - G) + \gamma \frac{900}{T_a + 273} u_2 (e_a^* - e_a)}{\Delta + \gamma(1 + 0.34 u_2)} \tag{5.1}$$

$$u_2 = u_z \frac{4.87}{\ln(67.8 z_m - 5.42)} \tag{5.2}$$

式中：Δ 为温度-饱和水汽压曲线斜率；γ 为湿度计常数，kPa/℃；e_a^* 为温度为 T_a 时的饱和水汽压，kPa，e_a 为实际水汽压，kPa；R_n 为净辐射，MJ/(m²·d)，G 为土壤热通量，MJ/(m²·d)，当使用日尺度气象数据计算时，G 可近似为 0；u_2 为 2m 处风速，m/s；u_z 为在高度 z_m 处测量的风速，m/s。当 u_2 未知时，可利用风速调整公式（5.2）计算（Allan et al.，1998）。

5.1.2 偏相关分析

相关分析是通过两个变量之间的相关系数来分析变量间线性相关程度的方法。在多元相关分析中，变量之间可能存在复杂的相关关系，由于受到其他变量的影响，简单相关系数一般只能从表面上反映两个变量的相关性质，往往不能真实地刻画变量之间的线性相关程度。因此，引入偏相关分析（Baba et al.，2004；Kenett et al.，2010），在排除其他变量影响的条件下，分析多个变量中某两个变量之间的线性相关程度。其相关系数称为偏相关系数，其反映了两个变量之间真实的联系（严丽坤，2003）。

根据排除的其他产生影响的变量个数，可将偏相关系数分级：简单相关关系可视为一种特殊的偏相关系数，由于没有控制变量，故称作零阶偏相关系数；排除另外一个变量影响计算得到的为一阶偏相关系数；排除另外两个变量影响计算得到的为二阶偏相关系数；以此类推。其计算公式分别如下：

一阶偏相关系数：给定三个变量 x_i，x_j，和 x_h，变量 x_i 与 x_j 之间的一阶偏相关系数 $r_{ij,h}$ 是在排除变量 x_h 的影响后计算得到的，公式如下：

$$r_{ij,h} = \frac{r_{ij} - r_{ih} r_{jh}}{\sqrt{(1-r_{ih}^2)(1-r_{jh}^2)}} \tag{5.3}$$

式中：r_{ij} 为变量 x_i 和 x_j 的简单相关系数（零阶偏相关系数）；r_{ih} 为变量 x_i 和 x_h 的简单相关系数；r_{jh} 为变量 x_j 和 x_h 的简单相关系数。

二阶偏相关系数：给定四个变量 x_i，x_j，x_h 和 x_m，变量 x_i 与 x_j 之间的二阶偏相关系数 $r_{ij,hm}$ 是在排除变量 x_h 和 x_m 的影响后计算得到的，公式如下：

$$r_{ij,hm} = \frac{r_{ij,h} - r_{im,h} r_{jm,h}}{\sqrt{(1-r_{im,h}^2)(1-r_{jm,h}^2)}} \tag{5.4}$$

高阶偏相关系数：给定 k（$k>2$）个变量 x_1，x_2，…，x_k，则变量 x_i 和 x_j 的 g（$g \leqslant k-2$）阶偏相关系数可通过式（5.5）计算：

$$r_{ij,l_1 l_2 \cdots l_g} = \frac{r_{ij,l_1 l_2 \cdots l_{g-1}} - r_{il_g,l_1 l_2 \cdots l_{g-1}} r_{jl_g,l_1 l_2 \cdots l_{g-1}}}{\sqrt{(1-r_{il_g,l_1 l_2 \cdots l_{g-1}}^2)(1-r_{jl_g,l_1 l_2 \cdots l_{g-1}}^2)}} \tag{5.5}$$

式中：$r_{ij,l_1 l_2 \cdots l_g}$ 为排除其他变量的影响后变量 x_i 和变量 x_j 之间的 g 阶偏相关系数；其余符号均为 $g-1$ 阶偏相关系数。

采用 t 检验方法对偏相关系数进行显著性检验，其零假设为：总体中两个变量间的偏相关系数为 0，统计量公式为

$$t = \frac{\sqrt{n-k-2} \cdot r}{\sqrt{1-r^2}} \tag{5.6}$$

式中：r 为偏相关系数；k 为控制变量数；n 为样本量；$n-k-2$ 为自

由度。当 $t > t_{0.05}(n-k-2)$ 或 $p < 0.05$ 时，拒绝原假设，即偏相关系数是显著的。

偏相关分析被广泛应用于不同变量的驱动机制分析，包括植被变化的归因分析（Song et al.，2011；Yang et al.，2019；Zhang et al.，2021）、水循环变化的归因（Shu et al.，2007；Burn，2008；Jukic et al.，2011）等。如 Bai et al.（2019）基于偏相关分析识别了黄土高原控制 ET 年际变异的主要驱动因子。本章首先将各网格的所有变量（包含水循环变量 ET、R，以及驱动因子 P、PET、LAI 的年尺度时间序列）去趋势化（见 5.1.4 节），然后计算每个网格各驱动因子（P、PET、LAI）与水循环变量（ET、R）之间的偏相关系数，分析驱动因子与水循环变化之间的相关关系，最后根据偏相关系数绝对值的最大值确定该网格控制 ET 或 R 年际变异的主导驱动因子。

5.1.3 情景实验设计

因子控制实验（Stein et al.，1993）通过比较单个驱动因子变化的情景与所有驱动因子保持不变的控制情景模拟的响应变量之间差异来评估每个驱动因子对于响应变量的贡献，在变化环境下水循环和碳循环驱动机制分析方面得到了广泛应用（Luo et al.，2008；Galbraith et al.，2010；Zhang et al.，2015；Bai et al.，2019）。本章利用因子控制实验方法，设计了 8 种实验情景（表 5.1），旨在定量分析 P、PET 和 LAI 及其相互作用对水循环变化（ET、R）的影响及相对贡献。8 种情景分别为：控制情景，P、PET 和 LAI 均去趋势化；单因子变化情景，保留其中一个驱动因子变化，其他两个因子去趋势化；多因子交互作用情景，保留两个或三个驱动因子变化，其他因子去趋势化，其中三个驱动因子变化的情景也为实际情景。然后将不同情景的驱动数据输入 DTVGM-PML 中进行全国水循环模拟，分析比较各情景与控制情景的模拟结果差异，得到不同驱动因子对于全国水循环变化的贡献。

表5.1 实验情景设计表

情景类别	情景ID	模拟结果	驱动变量		
			LAI	P	PET.
控制情景	S_{CTL}	$f(\text{control})$	Det.	Det.	Det.
单因子变化情景	S_L	$f(\text{LAI})$	Obs.	Det.	Det.
	S_P	$f(P)$	Det.	Obs.	Det.
	S_E	$f(\text{PET})$	Det.	Det.	Obs.
多因子交互作用情景	S_{LP}	$f(\text{LAI}, P)$	Obs.	Obs.	Det.
	S_{LE}	$f(\text{LAI}, \text{PET})$	Obs.	Det.	Obs.
	S_{PE}	$f(P, \text{PET})$	Det.	Obs.	Obs.
	S_{OBS}	$f(\text{LAI}, P, \text{PET})$	Obs.	Obs.	Obs.

注 驱动变量PET包括风速、温度、比湿、气压、下行短波辐射、下行长波辐射，使用PET表示这些驱动变量对ET大气水分需求的综合影响；"Det."表示将驱动变量去趋势化处理；"Obs."表示驱动变量为实测序列；$f(*)$代表"*"对应的驱动数据运行DTVGM-PML的水循环模拟结果（ET和R），本章主要基于ET和R的多年平均值结果进行分析。

单个驱动因子的主影响（main effect）可表示为单因子变化情景模拟结果[$f(\text{LAI})$、$f(P)$和$f(\text{PET})$]与控制情景模拟结果[$f(\text{control})$]之差。即LAI、P和PET的主影响（E_{LAI}、E_P和E_{PET}）分别为

$$E_{LAI} = f(\text{LAI}) - f(\text{control}) \tag{5.7}$$

$$E_P = f(P) - f(\text{control}) \tag{5.8}$$

$$E_{PET} = f(\text{PET}) - f(\text{control}) \tag{5.9}$$

两个驱动因子变化下的双向交互作用影响可用式（5.10）计算，如LAI和P交互作用影响（$E_{LAI \times P}$）为

$$E_{LAI \times P} = f(\text{LAI}, P) - f(\text{control}) - E_{LAI} - E_P \tag{5.10}$$

LAI和PET交互作用影响（$E_{LAI \times PET}$）为

$$E_{LAI \times PET} = f(\text{LAI}, \text{PET}) - f(\text{control}) - E_{LAI} - E_{PET} \tag{5.11}$$

P和PET交互作用影响（$E_{P \times PET}$）为

$$E_{P\times PET} = f(P, PET) - f(\text{control}) - E_P - E_{PET} \quad (5.12)$$

另外，三向交互作用影响（$E_{LAI\times P\times PET}$）可表示为

$$E_{LAI\times P\times PET} = f(LAI, P, PET) - f(\text{control}) -$$
$$E_{LAI\times P} - E_{LAI\times PET} - E_{P\times PET} -$$
$$E_{LAI} - E_P - E_{PET} \quad (5.13)$$

5.1.4 去趋势法

研究使用去趋势法消除模型驱动数据的线性趋势，再基于去趋势后的数据驱动模型，分析各驱动因子对于模型输出的水循环变量的影响。去趋势法可以消除年尺度时间序列的线性趋势，相对于其他研究中使用多年平均值进行分析（Zhang et al.，2015），其优势在于保留了数据的年内（季节性）变化。

以降水数据为例，去趋势法的步骤如下。

（1）首先将实际日降水数据处理为实际年降水序列。

（2）对实际年降水序列进行线性拟合，基于拟合的线性方程计算出每年的预测降水量：

$$P_{prd,y_i} = ay_i + b \quad (5.14)$$

式中：P_{prd,y_i} 为年份为 y_i 的预测年降水量，$y_i = 1982, \cdots, 2012$；a 为拟合的线性方程斜率；b 为线性方程的截距。

（3）消除实际年降水序列的趋势，得到去趋势后的年降水序列：

$$P_{det,y_i} = (P_{obs,y_i} - P_{prd,y_i}) + P_{prd,y_0} \quad (5.15)$$

式中：P_{obs,y_i} 和 P_{det,y_i} 分别为年份为 y_i 的实际和去趋势的年降水量；P_{prd,y_0} 表示第一年（$y_0 = 1982$）的预测年降水量，增加这一项是为了保证去趋势后的年降水序列第一年的值与实际值相等，即 $P_{det,y_0} = P_{obs,y_0}$。

（4）根据每年去趋势降水量与实际降水量的比值将该年实际日降水量转化为去趋势日降水量：

$$P_{det,d_i} = P_{obs,d_i} \frac{P_{det,y_i}}{P_{obs,y_i}} \quad (5.16)$$

(5) 对每个网格进行（1）~（4）步骤操作，得到每个网格的去趋势日降水序列。

图 5.1 给出了一个网格（中心经纬度为 100.125°E 和 22.875°N）的降水数据去趋势示意图，蓝色实线是实际年降水量过程，蓝色虚线是实际年降水量的线性拟合线，可以看到该网格年降水量有明显的下降趋势，红色实线为去趋势后年降水量过程，红色虚线为去趋势后年降水量线性拟合线，去趋势法完全消除了降水时间序列的年趋势（生成的去趋势年降水量线性拟合斜率为 0）。

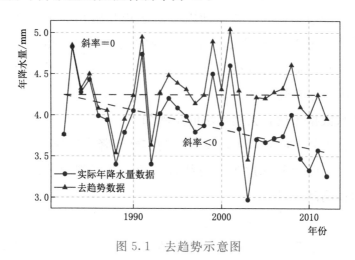

图 5.1 去趋势示意图

5.2 研究结果

5.2.1 植被变化趋势

本节利用 LAI 数据分析了 1982—2012 年中国区域植被变化趋势，并对比了年平均和生长期（4—10 月）平均 LAI 变化趋势的差异。在全国尺度上，1982—2012 年中国经历了显著的植被覆盖增加趋势（图 5.2）。图 5.2 显示了年平均 LAI 和生长期 LAI 的变化过程，年平均 LAI 和生长期 LAI 均表现出显著增加趋势，分别为 $0.03\text{m}^2/(\text{m}^2 \cdot 10\text{a})$

($p<0.01$) 和 $0.05m^2/(m^2 \cdot 10a)$ ($p<0.01$)。在区域尺度上，大部分区域也表现出植被覆盖增加趋势。图5.3显示了1982—2012年年平均LAI和生长期平均LAI变化趋势空间分布图，植被覆盖增加区域约为植被覆盖减少区域的3倍（年平均LAI的72.7%相对于27.3%，生长期LAI的74.5%相对于25.5%）。在具有统计学意义（$p<0.05$，图5.3黑点标记）的区域，植被变化趋势的对比（覆盖增加与覆盖减少）更加明显（年平均LAI的51.8%相对于11%，生长期LAI的52.7%相对于10%）。另外，从图5.3可以看出，植被变化趋势存在高度的空间异质性。植被覆盖增加趋势显著的地区主要分布在中国华北平原、黄土高原、东部和西南部分地区，从流域片区来看，主要包括黄河流域中游、长江流域中下游、海河流域、淮河流域和珠江流域等。其中华北平原、黄土高原、西南部分地区植被覆盖增加趋势最显著[生长期LAI增加趋势最大约为 $0.4m^2/(m^2 \cdot 10a)$，$p<0.01$]。而植被覆盖减少趋势显著的区域主要位于中国东北部[生长期LAI下降趋

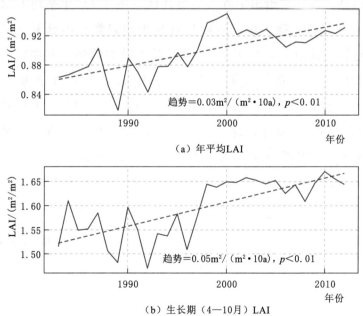

图5.2 1982—2012年中国区域平均LAI变化过程

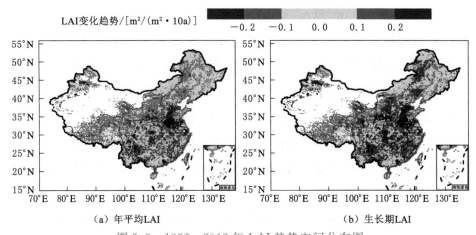

(a) 年平均LAI　　　　　　　　(b) 生长期LAI

图 5.3　1982—2012 年 LAI 趋势空间分布图

注：生长期为 4—10 月。黑点为具有显著变化趋势的区域，$p<0.05$。白色区域为非植被覆盖区域。

势最大超过 $-0.25\text{m}^2/(\text{m}^2\cdot 10\text{a})$，$p<0.01$]，如内蒙古东北部，大兴安岭山脉部分地区，另外长江三角洲和珠江三角洲的 LAI 也存在显著下降的趋势。表 5.2 给出了九大流域片区（图 3.1）年平均 LAI 和生长期 LAI 变化趋势，除了松辽流域 LAI 呈现出轻微且不显著（$p>0.05$）的下降趋势，其他流域片区 LAI 均表现为增加趋势，其中，LAI 增加趋势最大的为淮河流域[年平均和生长期 LAI 趋势分别为 $0.129\text{m}^2/(\text{m}^2\cdot 10\text{a})$ 和 $0.146\text{m}^2/(\text{m}^2\cdot 10\text{a})$]。另外，生长期 LAI 相对于年平均 LAI 变化趋势更显著。综上，1982—2012 年中国大部分区域面临显著植被覆盖增加趋势（尤其表现为生长期 LAI 的显著增加），主要分布在华北平原、黄土高原（或黄淮海流域片区）、东部和西南等地区。

表 5.2　　　　各流域片区 LAI 变化趋势　　单位：$\text{m}^2/(\text{m}^2\cdot 10\text{a})$

流域片区	年平均 LAI 趋势	生长期 LAI 趋势
淮河流域	0.129**	0.146**
黄河流域	0.062**	0.102**
海河流域	0.063**	0.094**
珠江流域	0.037*	0.06**

续表

流域片区	年平均 LAI 趋势	生长期 LAI 趋势
松辽流域	−0.009	−0.019
西南诸河	0.019*	0.041**
东南诸河	0.034	0.056**
长江流域	0.042**	0.08**
内陆河流域	0.015**	0.04**

注："**"表示 $p<0.01$，"*"表示 $p<0.05$，无标识表示不显著（$p>0.05$）。

5.2.2 水循环演变规律

图 5.4 显示了全国水循环变量（降水、蒸发和产流）1982—2012 年多年平均值及年变化趋势的空间分布。降水为 CN05.1 产品数据，蒸发和产流为 DTVGM-PML 模型输出结果（由实际数据驱动模型，即表 5.1 中模拟情景 S_{OBS}）。从图 5.4 中可以看出，三个水循环变量空间分布特点基本为从东南沿海向西北内陆地区逐渐减少的趋势。东南沿海地区多年平均降水量超过 1500mm/a，而西北内陆局部地区的降水不足 50mm/a。多年平均蒸发量的范围从 100mm/a 到 1000mm/a，中国区域平均蒸发量为 359.1mm/a。多年平均产流量的范围从 5mm/a 到 1000mm/a，中国区域平均产流量为 253.5mm/a。图 5.4 还展示了各变量年均值的线性变化趋势及显著性（黑点表示显著变化趋势，$p<0.05$）。结果表明，降水在湿润区及东北部主要表现为减少趋势，而在西部干旱区域、海南岛、山东省等区域有增加趋势。除了西部部分区域外，降水在整个区域上变化趋势均不显著。对蒸发来说，中国大部分区域都显示出增加趋势，约占 83.2%，显著增加趋势约占 44.3%，主要集中在中国东南部和青藏高原地区。蒸散发减少的区域主要分布在中国东北和西北部分地区。产流量的变化趋势与降水高度一致，呈现湿润区及东北部减少，西部干旱区增加的趋势，整体变化趋势不显著。图 5.5 为全国平均年降水量、蒸发量和产流量变化过程及趋势，图

中黑色实线为各年值序列变化，蓝色虚线为线性趋势线，文字显示了线性趋势值及显著性（无符号表示不显著；"*"表显著性水平为0.05；"**"表示显著性水平为0.01）。从图中可以看出，全国平均年降水量和产流量呈现不显著的减少趋势，而全国平均年蒸发量呈现显著增加趋势（$p<0.01$）。

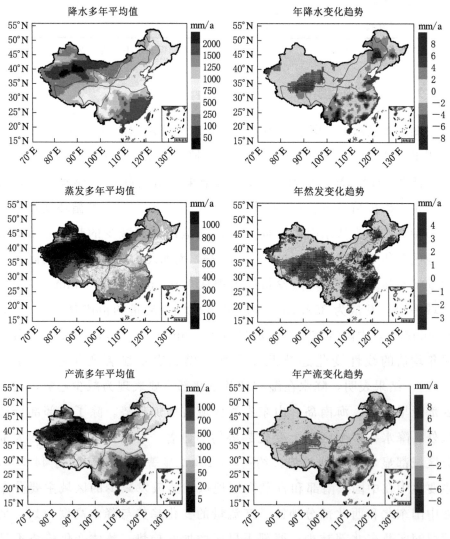

图 5.4　降水、蒸发和产流的多年平均值及年变化趋势的空间分布

注：黑点代表通过95%的显著性检验，$p<0.05$。

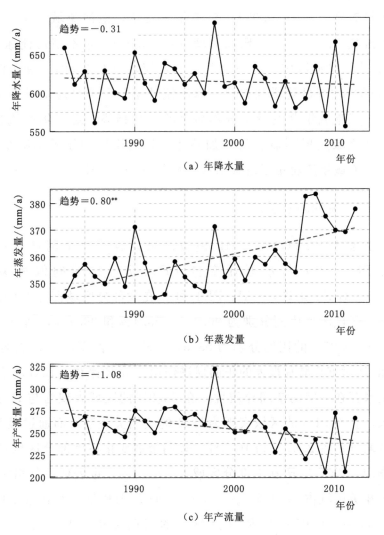

图 5.5 中国年降水量、年蒸发量和年产流量（R）变化过程

图 5.6、图 5.7 和图 5.8 分别为全国九大流域片区（图 3.1）年降水量、蒸发量和产流量序列变化过程及趋势，图中黑色实线为各年值序列变化，蓝色虚线为线性趋势线，文字显示了线性趋势值及显著性（无符号表示不显著；"*"表显著性水平为 0.05；"**"表示显著性水平为 0.01）。对于年降水量，淮河流域、内陆河流域和黄河流域显示出增加的趋势，其他流域显示出下降趋势，只有内陆河流域的年降水

量变化趋势显著（$p<0.05$）。对于年蒸发量，淮河流域（$p<0.01$）、内陆河流域（$p<0.01$）、珠江流域（$p<0.05$）、东南诸河流域（$p<0.01$）、西南诸河流域（$p<0.01$）、长江流域（$p<0.01$）和黄河流域（$p<0.05$）均有显著增加趋势，海河流域年蒸发量呈现不显著的增加趋势，松辽流域年蒸发量呈现不显著的减少趋势。对于年产流量，除了内陆河流域呈现不显著的增加趋势，其他流域均显示出减少趋势，其中松辽流域年产流量呈现显著减少趋势（$p<0.01$）。

5.2.3 主导驱动因子识别

本节基于 DTVGM - PML 模拟结果计算了每个网格驱动因子（LAI、PET、P）与水循环变量（ET、R）之间的偏相关系数（图 5.9）。对 ET 来说，LAI、PET 和 P 在大部分区域都与 ET 是正相关关系，区域所占比例分别为 90.4%、95.4% 和 99.7%，通过显著性检验（$p<0.05$）的比例分别为 53.8%、67.6% 和 87.5%。表明 LAI、PET 和 P 对 ET 都有很大的正向促进作用。对 R 来说，LAI 与 R 的偏相关关系存在一定的空间异质性，在 38.9% 的区域表现为与 R 的正相关关系，在 61.1% 的区域表现为与 R 的负相关关系，而通过显著性检验的区域分别占 2.67% 和 10.5%，表明植被变化在大部分区域对 R 是负向作用。PET 与 R 在大部分区域上（81.4%）也表现为负相关关系，显著负相关区域占 27.4%（$p<0.05$）。而 P 则相反，其在整个区域上（99.7%，$p<0.05$）对 R 都是显著的正向促进作用。综上，LAI、PET 和 P 对 ET 表现为正向促进作用，而 LAI 和 PET 对 R 在大部分区域表现为负向作用，P 对 R 在整个区域表现为显著的正向促进作用。

本书研究基于偏相关系数绝对值最大确定了每个网格控制 ET 和 R 年际变化的主导驱动因子（图 5.10）。对 ET 而言，P 和 PET 分别控制了干旱地区和湿润地区的 ET 年际变化，其所占整个区域比例分别为 44% 和 37.3%。LAI 控制区域占 17.4%，主要位于黄土高原、东北、

5.2 研究结果

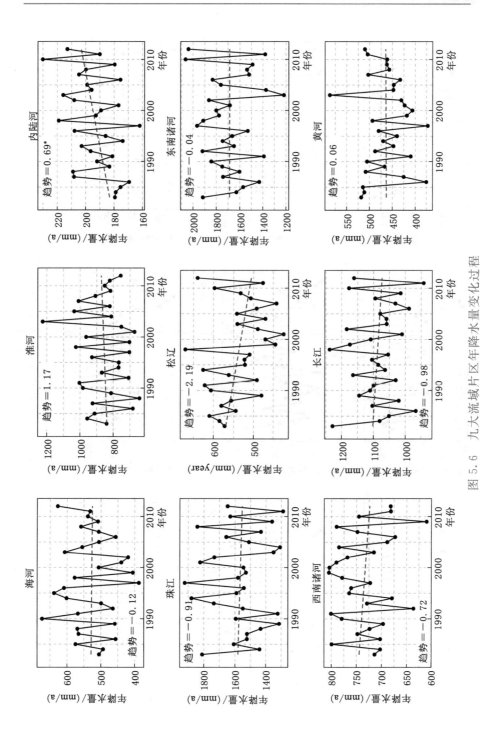

图 5.6 九大流域片区年降水量变化过程

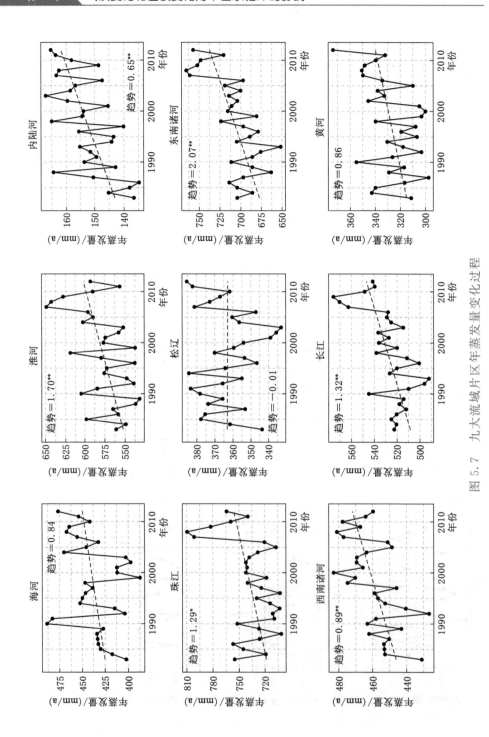

图 5.7 九大流域片区年蒸发量变化过程

5.2 研究结果

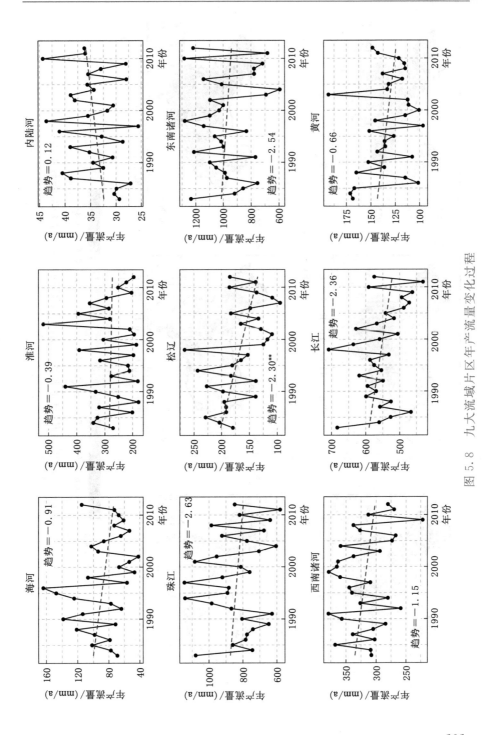

图 5.8 九大流域片区年产流量变化过程

第 5 章 气候变化和植被变化对中国水循环的影响

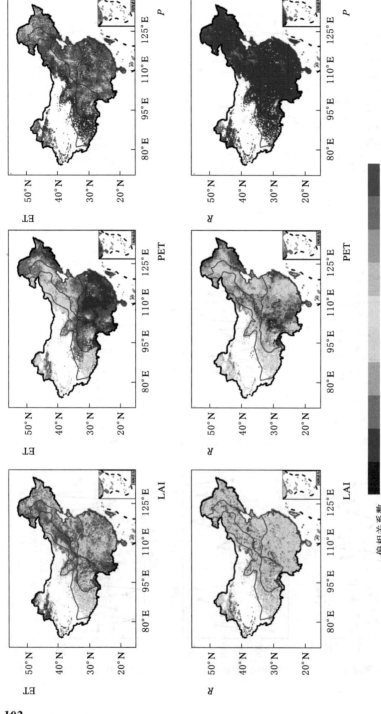

图 5.9 驱动因子（LAI、PET、P）与水循环变量（ET、R）的偏相关系数空间分布图

西北和西南等地区。P 和 PET 控制区域空间分布模式与干旱指数（AI=PET/P）空间分布模式（图 5.11）呈现高度的一致性。一般将 AI≤1 的区域称为能量限制区域（该区域蒸发能力小于降水量，湿润气候），AI>1 的区域称为水分限制区域（蒸发能力超过降水量，相对干燥）（Wang et al.，2012；Rehana et al.，2021）。综合来看，P 为水分限制区域 ET 年际变化的主导因子（约占该区域的 59%），而 PET 为能量限制区域 ET 年际变化的主导因子（约占该区域的 76%）。这与经典的 Budyko 水热平衡理论高度一致，即陆面多年平均 ET 由大气水分供给（由 P 表征）和能量供给（由 PET 表征）之间的平衡关系所控制（Budyko，1974）：在极端湿润的情况下（PET/P→0），流域的 ET 主要由能量控制，可用于蒸散发的能量将全部转化为潜热通量（ET/PET→0）；而在极端干燥的情况下（PET/P→∞），流域的 ET 主要由水分控制，可用于蒸散发的水分将全部转化为流域 ET（ET/P→1）。另外，LAI 主导控制 ET 年际变化的区域主要位于半湿润和半干旱区域（约占水分限制区域的 23%），具体位置位于黄土高原、华北平原、东北部及西南部部分地区等，这些地区也正经历显著的植被变化（覆盖增加和覆盖减少）趋势（图 5.3）。LAI 对 ET 年际变化的控制作用也体现了下垫面因子对 ET 的影响，正如不同 Budyko 水热平衡公式中所考虑的表征下垫面条件的因子，如水热耦合控制参数（傅抱璞，1981；Choudhury，1999；Zhou et al.，2015）、植被水分利用系数（Zhang et al.，2001）、流域下垫面特征参数（Yang et al.，2008）等。

而对于 R 的年际变化来说，其在整个区域上均是由 P 主导控制，表明在年际尺度上，P 对 R 的变化起决定性作用。这与 Berghuijs et al.（2017）关于产流变化驱动因素的全球评估结果较为一致，Berghuijs et al.（2017）基于 Budyko 理论评估了 P、PET 和其他因素对年平均 R 变化的敏感性，结果显示全球 83% 的区域 R 对 P 变化最为敏感，表明了 P 对 R 的主导作用。综上，PET 主导了能量限制区域 ET 年际变化，P 主导了水分限制区域 ET 年际变化，LAI 在水分限制区域对 ET

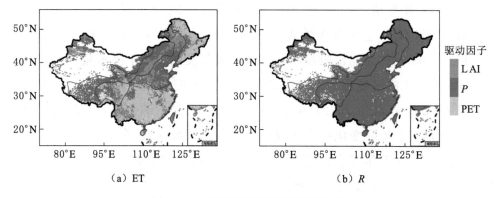

图 5.10 主导驱动因子空间分布图

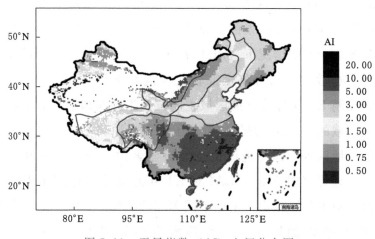

图 5.11 干旱指数（AI）空间分布图

年际变化也有一定的控制作用，P 在整个区域上主导了 R 的年际变化。

5.2.4 驱动因子对水文要素的影响

本节基于因子控制实验评估了不同驱动因子变化对 ET 和 R 多年平均值的影响及贡献。图 5.12 显示了单因子变化情景（S_L、S_P 和 S_E，见表 5.1）与控制情景（S_{CTL}，见表 5.1）之间 ET 和 R 多年平均值的相对变化空间分布。例如 LAI 对 ET 或 R 的影响（图 5.12 第一列）是由 $[f(\text{LAI}) - f(\text{control})]/f(\text{control}) \times 100\%$ 计算得到，其中 f 表示对应情景模拟下 ET 或 R 的多年平均值。可以看出，LAI 对 ET 和 R 的影响存在一定的空间异质性，LAI 变化导致华北地区（主要是黄河、海河、淮河流域）ET 增加、R 减少超过 15%。LAI 对其他地区（如南部、东北部等）ET 和 R 的影响较小，相对变化在 5% 以内。P 对 ET 和 R 的影响在空间上与 P 的变化趋势（图 5.4）高度一致，但 P 对 R 的影响相对于 ET 更加显著。P 变化使东北、南部地区（主要是松辽流域、长江流域中下游）的 ET 和 R 减少，而西部、华北部分地区（主要是长江流域上游、淮河流域、东南诸河、黄河流域部分地区等）的 ET 和 R 有所增加。由 P 变化引起的 ET 相对变化在 10% 以内，而 R 相对变化在整个区域几乎都超过 15%。PET 在整个区域上使 ET 增加、R 减少，相对变化不足 10%。

图 5.13 给出了驱动因子变化与其引起的 ET 和 R 变化的空间对应关系，据此可以分析不同驱动因子对 ET 和 R 的作用。以 LAI 对 ET 的影响为例（图 5.13 左上角），其与 ET 变化的空间对应关系分为四类（分别以四种不同颜色表示）：①LAI 增加对应 ET 增加（即 $\Delta LAI>0$，$\Delta ET>0$）；②LAI 增加对应 ET 减少（即 $\Delta LAI>0$，$\Delta ET\leqslant 0$）；③LAI 减少对应 ET 增加（即 $\Delta LAI\leqslant 0$，$\Delta ET>0$）；④LAI 减少对应 ET 减少（即 $\Delta LAI\leqslant 0$，$\Delta ET\leqslant 0$）。图 5.13 中也给出了四类对应关系所占整个区域的百分比。结果显示，LAI 在大部分区域对 ET 是正向作用，其中 62% 的区域 LAI 和 ET 均增加，26% 的区域 LAI 和 ET 均减少。而 12% 左右的区域出现了相反的结果，主要表现为 LAI 增加而 ET 却减少（11% 的区域，集中分布在青藏高原部分地区）。LAI 对 R 的影响主要表现为负向作用（87% 的区域），在 61% 的区域，LAI 增加而 R 减少，在 26% 的区域，LAI 减少而 R 增加。同样的，在 13% 左右的区域（青藏高原部分地区），LAI 对 R 产生了正向作用。P 对 ET 和 R 的影响在整个空间上表现一致，P 的变化会对 ET 和 R 均产生正向作用。其中 45% 的区域，P 增加带来了 ET 和 R 的增加。55% 的区域，P 减少带来了 ET 和 R 的减少。PET 在整个区域上均表现为对 ET 的正向作

第 5 章　气候变化和植被变化对中国水循环的影响

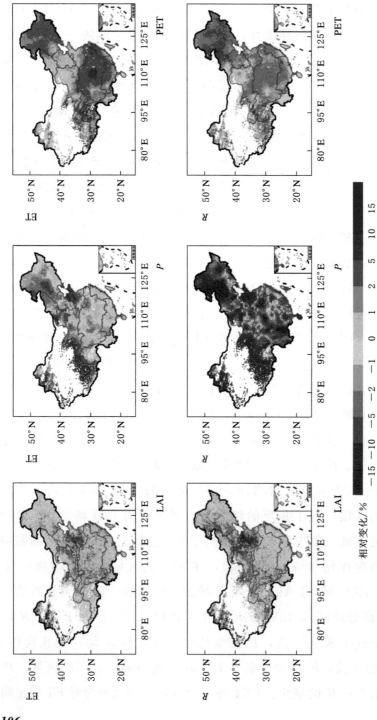

图 5.12　驱动因子变化导致的多年平均 ET 和 R 的相对变化

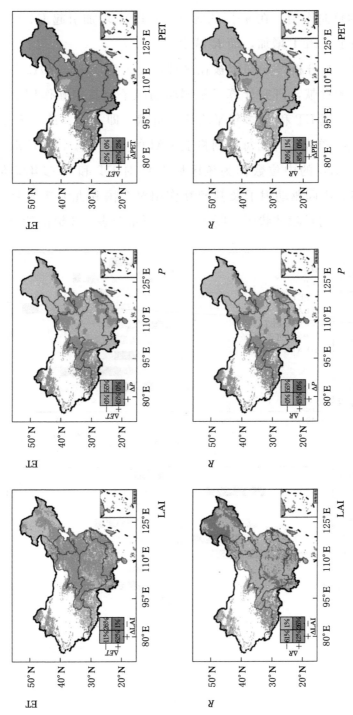

图 5.13 驱动因子变化与 ET 和 R 变化的空间对应关系（百分比表示对应颜色所占比例）

用和对 R 的负向作用：在 96% 的区域上，PET 增加引起 ET 增加；在 90% 的区域上，PET 增加，而 R 减少。

为了进一步分析气候和植被在区域尺度上对 1982—2012 年 ET 和 R 年际变化的贡献，研究计算了不同驱动因子及其相互作用对全国尺度以及九大流域 ET 和 R 多年平均值的贡献（即 E_{LAI}、E_P、E_{PET} 等）。以 LAI 为例，首先计算出每个网格上 LAI 的贡献 E_{LAI}，然后取某个区域所有网格 E_{LAI} 的中位数作为该区域 LAI 对 ET 和 R 多年均值的贡献。最后得到不同驱动因子及其相互作用对全国和九大流域片区多年平均 ET 和 R 的贡献柱状图（图 5.14）。再结合表 5.3 给出的全国及九

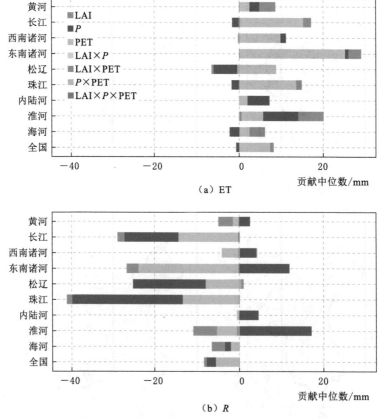

图 5.14　不同驱动因子及其相互作用对全国和九大流域片区多年平均 ET 和 R 的贡献柱状图

大流域不同驱动因子多年均值变化（实际值与去趋势后的差值），可以发现，在全国尺度上，P 有轻微的减少（7.5mm），而 LAI（0.05m^3/m^3）和 PET（47.2mm）均有所增加。P 的减少导致全国多年平均 ET 和 R 分别减少 0.7mm 和 2.2mm。而 PET 的显著增加带来了 ET 的大幅度增加（7.3mm）和 R 的减少（5.5mm）。对于 LAI 来说，虽然全国大部分区域都面临显著的植被覆盖增加趋势[52.7%，图5.3(b)]，但 LAI 的增加对 ET 和 R 的贡献相对于气候变化的影响显得微不足道，其使全国多年平均 ET 增加了 0.8mm，R 减少了 0.6mm。这表明，在全国尺度上，相对于植被变化的影响，气候变化对1982—2012年 ET 和 R 的贡献占主导作用。

表5.3　　全国及九大流域不同驱动因子多年均值变化

区域	ΔP/mm	ΔLAI/(m^3/m^3)	ΔPET/mm
全国	−7.5	0.05	47.2
松辽流域	−24.8	−0.014	55.3
海河流域	−1.7	0.100	61.5
黄河流域	4.2	0.102	38.6
长江流域	−18.2	0.069	50.4
淮河流域	14.9	0.211	60.4
珠江流域	−19.6	0.055	47.3
内陆河流域	13.4	0.040	34.5
东南诸河流域	10.5	0.052	51.9
西南诸河流域	−6.7	0.032	43.4

在区域尺度上，R 对 P 变化的响应似乎比 ET 对 P 变化的响应更强烈。以中国南部的珠江流域为例，由于 P 的显著下降（19.6mm），R 也出现了大幅下降（26.5mm），而 ET 的下降幅度相对较小（1.7mm）。另外在长江流域（ET 减少 1.6mm，R 减少 12.8mm）、东南诸河流域（ET 减少 0.7mm，R 减少 11.9mm）、松辽流域（ET 减少

5.5mm，R 减少 17.3mm）和淮河流域（ET 减少 8.3mm，R 减少 17.1mm）等分布在湿润和半湿润地区的流域也发现了类似的结果。根据表 5.3 的结果，PET 在九大流域均显著增加（平均约为 49mm），其导致 ET 增加和 R 减少，尤其使东南诸河流域的 ET 增加 25.1mm，R 减少 23.7mm，并且 PET 变化对 ET 和 R 的贡献基本上是相当的。对于 LAI 变化下水文变量的响应而言，虽然植被变化在全国尺度上对水文要素变化的贡献相对较低，但在区域尺度上，植被变化对部分流域水文要素的影响不容忽视。例如，LAI 增加导致黄河流域、淮河流域和海河流域多年平均 R 分别减少 3.4mm、5.6mm 和 3.1mm，而气候变化引起的黄河流域、淮河流域和海流域 R 变化（$E_P + E_{PET}$）分别为 1.2mm、12.3mm 和 3.3mm。可以发现，黄河流域和海河流域植被变化对水文要素的影响与气候变化的影响相当，甚至更大。而在淮河流域，LAI 在所有流域中增加幅度最大（0.211m^3/m^3，表 5.3），但植被变化对 R 的负面影响完全被气候变化（主要是 P 的大幅增加，14.9mm，表 5.3）的影响所抵消，最终导致淮河流域 R 增加。另外，从图 5.14 也可以看出，各驱动因子之间交互作用的影响相对较小。

综上，气候变化和植被变化对 1982—2012 年中国区域水文的影响具有显著的空间异质性。P 在整个区域上对 ET 和 R 都是正向促进作用，PET 和 LAI 对 ET 是正向促进作用，而对 R 是负向作用。在全国尺度上，气候变化对水循环的影响占主导作用，植被变化在区域尺度上对水循环的影响也不容忽视，主要表现在黄河、淮河和海河流域。

5.2.5 植被变化对水文要素变化的相对贡献

为了进一步评估植被变化对 1982—2012 年中国水文要素变化的相对贡献，本节计算了每个网格单元 LAI 对 ET 和 R 多年平均值变化的影响（E_{LAI} 的绝对值）占所有驱动因子及相互作用的影响的百分比

[PC$_{LAI}$,式(5.17)]。图 5.15 展示了 LAI 对 ET 和 R 变化的相对贡献空间分布,总体而言,植被在黄河、淮河、海河等流域(黄土高原和华北平原)及西南部分地区 ET 和 R 的变化中发挥了主导作用(PC$_{LAI}$>40%)。通过对比可以发现,ET 对植被变化的响应似乎比 R 对植被变化的响应更强烈,例如西南部分地区,LAI 对 ET 变化的相对贡献超过 40%,而 LAI 对该地区 R 变化的贡献在 20%左右。全国约 15.7%的区域植被对 ET 变化的相对贡献超过 40%,而与 R 对应的区域仅占约 8.6%。植被覆盖增加,LAI 增加,通过增强 ET 作用,从而间接使 R 减少。因此,ET 对植被变化相对更加敏感,响应更强烈。

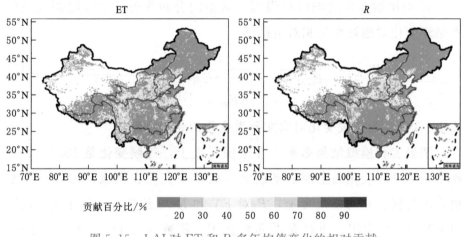

图 5.15 LAI 对 ET 和 R 多年均值变化的相对贡献

另外,结合植被变化趋势的空间模式[图 5.3(b)],可以进一步发现植被对水文要素变化的相对贡献较高(PC$_{LAI}$>40%)的区域也表现出了显著植被覆盖增加趋势(如华北地区)。但是,值得注意的是,在同样具有显著植被覆盖增加趋势的南部地区(如长江流域中下游、珠江流域、东南诸河流域等,表 5.2),植被变化对水文要素的变化并没有展现出主导作用,其相对贡献低于 20%。这种不一致的结果表明干旱区域的水循环过程对植被变化相较于湿润地区更加敏感。本书研究分别计算了能量限制区域(AI≤1)和水分限制区域(AI>1)植被变化对水文要素变化的相对贡献和生长期 LAI 变化趋势绝对值之间的相关系数［剔除趋势不显著（$p>0.05$）网格］，结果显示，水分限制区域植被变化相对贡献与 LAI 变化趋势之间存在显著相关性（ET：$r=0.60$，$p<0.01$；R：$r=0.52$，$p<0.01$），而能量限制区域对应的相关系数明显偏低（ET：$r=0.26$，$p<0.01$；R：$r=0.19$，$p<0.01$）。因此，植被变化对水分限制区域的水循环变化影响相对更大。

综上，植被变化起主导作用的区域主要分布在黄河流域、淮河流域和海河流域等地区。从水文要素方面来看，ET 对植被变化的响应似乎比 R 对植被变化的响应更强烈。从空间分布来看，水分限制区域的水循环变化对植被变化相对更敏感。

$$\mathrm{PC}_{\mathrm{LAI}}=\frac{|E_{\mathrm{LAI}}|}{|E_{\mathrm{LAI}}|+|E_P|+|E_{\mathrm{PET}}|+|E_{\mathrm{LAI}\times P}|+|E_{\mathrm{LAI}\times\mathrm{PET}}|+|E_{P\times\mathrm{PET}}|+|E_{\mathrm{LAI}\times P\times\mathrm{PET}}|} \tag{5.17}$$

式中：$\mathrm{PC}_{\mathrm{LAI}}$ 为植被变化对水文要素变化的相对贡献。

情景实验模拟结果表明，在全国尺度上，气候变化是 1982—2012 年中国水循环变化的主要驱动因素，而植被变化在区域尺度上的影响也不容忽视。在网格尺度上，P 对 ET 和 R 均表现为正向作用，PET 对 ET 为正向作用，而对 R 为负向作用。植被（LAI）也显示出对 ET 的正向作用，以及在约 87% 的区域表现为对 R 的负向作用，这与之前的多项研究结果一致（Liu et al.，2016；Bai et al.，2020）。在区域尺度上，植被对水循环的影响可能会被气候影响所抵消。例如，研究发现，淮河流域 P 变化导致 R 大幅度增加，一定程度上抵消了植被覆盖增加引起的 R 减少，最终导致淮河流域 R 出现增加的情况。因此，研究认为气候变化和植被变化对区域水文的影响与空间尺度有关，并在中国区域表现出了高度空间异质性（Liu et al.，2016；Li et al.，2018）。

植被变化对水文要素变化的相对贡献较大的区域主要分布在黄河

流域、海河流域和淮河流域等地区（华北平原、黄土高原部分地区）。这些地区也面临着显著植被覆盖增加趋势，这很大程度上归因于多个大规模生态恢复工程的实施。但是在相对湿润且同样具有显著植被覆盖增加趋势的南部地区，植被变化对水循环变化相对贡献却较低。这意味着水分限制区域（AI>1）水循环过程对植被变化更敏感。正如Zhou et al.（2015）指出相对干旱（AI>1）地区的土地覆被变化可导致更大的水文响应。本章的研究强调植被变化在水分限制区域水文过程方面发挥着更大的调节作用（Sun et al.，2006；Zhou et al.，2015；Liu et al.，2016；Zhang et al.，2017；Bai et al.，2019；Bai et al.，2020）。由于水分限制区域降水量稀少但大气水分蒸发需求高，森林通常会发展出更深、更大的根系，以获得更多的土壤水来生存（Zhou et al.，2015），这可能会进一步加剧水分亏缺（Bai et al.，2020）。因此，本书研究建议，在水分限制区域进行植树造林等生态恢复工程时，应充分考虑植被对水资源的潜在负面影响。

近期的研究认为，植被对气候（降水）的反馈作用可以部分抵消植被覆盖增加引起的产流和土壤湿度的急剧减少（Li et al.，2018；Zeng et al.，2018）。植被覆盖增加引起了 ET 增强，增加了大气中的水汽含量，从而促进了顺风向降水（van der Ent et al.，2010；Teuling et al.，2017）。Li et al.（2018）采用耦合的陆气模型量化了降水对植被变化的响应，分析了中国近三十年内水文对植被变化的响应情况，结果表明在中国北部和西南部，植被覆盖增加带来的降水增加提供了足够的水分来抵消 ET 的增强，从而削弱了该地区的土壤水分亏缺情况。尽管陆气耦合模型在考虑植被对降水的反馈方面具有一定的优势，但是，由于模型参数化以及缺乏实测数据约束引起的高度不确定性会导致不同模型出现不同的结果（Murray-Tortarolo et al.，2013；Zeng et al.，2017；Zeng et al.，2018）。本书第3章已基于 DTVGM-PML 实现了高分辨率（0.25°）全国水文模拟，并在网格尺度上 R、ET 和 SM 及流域尺度径流的模型验证方面取得了令人满意的效果，这为本章的驱动机制研究提供了有效支撑及更高的可信度。由于 DTVGM-PML 是基于实测降水数据驱动，无法识别降水对植被变化的响应。与陆气耦合模型相比，本章的研究方法可能高估了降水变化对水文过程的控制作用，因为部分降水变化可能是由植被变化引起的。尽管如此，本章研究分析发现气候变化对 ET 和 R 的贡献平均分别为植被变化贡献的 4 倍和 6 倍，这足以支撑气候变化主导了中国水循环变化这一结论。当然，为了进一步考虑植被变化对降水的反馈作用，未来可以通过实现更准确的降水和土壤湿度模拟来加强陆气耦合模型研究。

第 6 章

总 结 与 展 望

6.1　主要工作与结论

中国自 20 世纪 80 年代以来经历着显著植被覆盖增加趋势，植被变化在不同区域可能引起不同的水文响应，气候变化和植被变化在控制水循环变化方面的主导作用尚不明晰，本书针对"气候变化和植被变化对中国水循环的影响"这一科学问题，从模型构建、参数区域化和驱动机制解析三个方面开展研究，首先发展了考虑植被动态信息的分布式时变增益模型，通过多变量率定框架以及利用多源数据实现了中国高分辨率的模型率定与验证；然后基于机器学习方法构建全国尺度参数区域化方案，解决无资料地区水文模拟问题；模拟分析了中国水循环演变规律，最后利用情景模拟，定量评估气候变化和植被变化对中国水循环的影响和相对贡献，解析植被变化下中国水循环变化驱动机制。本书研究旨在揭示中国水循环变化演变规律及其主导驱动因素，为变化环境下水资源可持续利用和管理，以及适应性对策制定提供科学支撑。本书的主要研究成果如下。

（1）考虑植被动态信息的分布式时变增益模型构建及中国高分辨

率率定与验证。本书以 DTVGM 为基础，耦合基于物理过程的遥感蒸散发模块 PML 模型，替代其中计算 ET 的经验方程，通过充分同化遥感植被动态输入改善 ET 的模拟和增强蒸散发过程物理机制描述，再结合 Gash 截留模块、HBV 融雪模块和 Lohmann 汇流模块，重构了 DTVGM 的产汇流形式，发展了考虑植被动态信息的大尺度分布式水文模型 DTVGM–PML。

然后基于多变量率定框架，利用月尺度 R（IGSNRR）和 ET（GLEAM）网格产品数据，采用 SCE–UA 优化算法，实现了中国高分辨率（$0.25°×0.25°$）DTVGM–PML 逐网格参数率定，得到网格参数集（g_1、g_2、k_s、k_r、k_g 和 W_M）。最后基于多源数据分别从网格尺度（R、ET 和 SM 网格产品）和站点尺度（全国 30 个典型流域出口水文站实测径流）对验证了 DTVGM–PML 的水文模拟精度。结果显示：在网格尺度上，月产流和蒸发总体评价效果较好，KGE 中位数均在 0.7 以上，模型在湿润区的表现要优于干旱区，土壤含水量结果与 GLEAM 产品数据空间分布一致性较好，空间相关系数 $r=0.73$（$p<0.01$），空间标准差之比 SDR=0.94，泰勒技能得分 TSS=0.56；在站点尺度（或流域尺度）上，30 个站点径流月尺度 NSE 中位数达到 0.84，KGE 为 0.78，PBIAS 为 6.55%，月径流过程与实测过程基本吻合，基于水量平衡计算的多年平均 ET 与模拟结果散点基本分布在 1∶1 对角线上，NSE=0.76，KGE=0.75，PBIAS=−6.3%。基于多源数据从不同角度的验证结果表明，DTVGM–PML 能够适用于中国的水文模拟。

（2）基于机器学习的中国尺度 DTVGM–PML 模型参数区域化方案。本书基于机器学习方法（GBM），通过构建物理属性（地形和土壤属性，主要包括坡度、高程、田间持水量、饱和土壤含水量和饱和水力传导系数等）与 DTVGM–PML 产流参数（g_1、g_2、k_s、k_r、k_g 和 W_M）之间的联系，实现了全国尺度 DTVGM–PML 模型参数区域化，并与传统线性回归方法（MLR）进行对比，分别从参数模拟精度和水文模拟效果两个方面进行验证。结果表明,从参数模拟精度来看,GBM 在利用土壤和地形属性数据模拟预测模型参数方面的表现要优于 MLR,因为 GBM 在四个气候区对六个模型参数模拟的 RMSE 均较低,且基于 GBM 的区域化参数与率定参数呈现更好的空间一致性,其 TSS 较高。另外区域化参数相对率定参数在空间上更加连续。从水循环模拟效果来看,不论是率定期还是验证期,区域化参数产流模拟的 KGE 略低于率定参数的结果,但是 GBM 的表现要比 MLR 更优,其 CDF 相对更接近率定的 CDF。而蒸发模拟效果与率定结果没有差异。基于全国 30 个典型流域出口站实测径流数据的径流模拟验证结果显示,MLR 和 GBM 区域化参数与率定参数在径流模拟上具有相当的精度(月尺度 NSE 的中位数分别为 0.83 和 0.85),体现了参数区域化在径流模拟方面的有效性,但 GBM 的结果更稳定,下限更高。

最后,本书研究基于 GBM 模型进一步计算出不同物理属性相对于模型参数的相对重要性,试图从物理机制角度理解模型参数和不同物理属性之间的关系。结果显示,坡度、高程和饱和土壤含水量是 DTVGM-PML 模型产流参数最重要的解释变量,即对产流过程相对影响最大的物理属性。对于不同区域和不同模型参数而言,其相对影响存在一定差异。在湿润和半湿润地区,地形属性,尤其是坡度,对大多数模型参数起决定性作用。对于干旱和半干旱地区,高程对大部分参数的影响更大,坡度和饱和土壤含水量的作用相当。控制地表和壤中流生成的模型参数(g_1,g_2 和 k_s)的主导因素是坡度。对于与地下水运动相关的参数(k_r,k_g 和 W_M),地形属性占主导作用,其次是饱和土壤含水量。另外饱和水力传导度(ksat)对 k_g 和 W_M 也有一定影响,其相对重要性与饱和土壤含水量相当。

(3)定量评估气候变化和植被变化对中国水循环的影响和相对贡献。基于遥感 LAI 数据的分析显示,1982—2012 年期间中国大部分区域面临显著植被覆盖增加趋势,尤其在华北平原、黄土高原等地区(黄河流域、淮河流域和海河流域)。本书研究利用气象和遥感数据输入驱动 DTVGM-PML，分析了中国水循环演变规律，发现全国尺度上 P（-0.31mm/a^2）和 R（-1.08mm/a^2）整体上呈现不显著的下降趋势，而 ET 表现为显著的增加趋势（0.8mm/a^2）。区域尺度上，P 和 R 空间变化趋势基本一致，呈现湿润区及东北部减少，西部干旱区、东部和南部局部地区增加的趋势，总体变化不显著。而蒸散发在大部分区域（83.2%）都显示出增加趋势（华北、南部、西部等地区）。然后研究利用偏相关分析探究了驱动因素（P、PET 和 LAI）与水文要素（ET、R）之间的相关关系，识别了不同区域 ET 和 R 年际变化的主导因子，结果表明 PET 主导了能量限制区域 ET 年际变化，P 主导了水分限制区域 ET 年际变化，LAI 在水分限制区域对 ET 年际变化也有一定控制作用，P 在整个区域上主导了 R 的年际变化。

最后本书研究基于因子控制实验，通过对三个驱动因素（P、PET、LAI）分别去趋势化，设置了 8 种情景实验，利用 DTVGM-PML 进行情景模拟，定量评估 1982—2012 年气候和植被变化对中国水循环变化的影响及相对贡献。结果显示气候变化是 1982—2012 年中国水循环变化的主导驱动因素，植被变化对水分限制区域的水循环变化的影响相对更显著，主要表现在黄河流域、淮河流域和海河流域等地区（华北平原、黄土高原）。P 在整个区域上对 ET 和 R 都是正向促进作用，PET 和 LAI 对 ET 是正向促进作用，而对 R 是负向作用。LAI 变化导致华北地区（主要是黄河流域、淮河流域和海河流域）ET 增加、R 减少超过 15%。LAI 对其他地区（如南部、东北部等）ET 和 R 的影响较小，相对变化在 5% 以内。P 变化使东北、南部地区（主要是松辽流域、长江流域中下游）的 ET 和 R 减少，而西部、华北部分地区（主要是长江流域上游、淮河流域、东南诸河流域、黄河流域部分地区等）的 ET 和 R 有所增加。由 P 变化引起的 ET 相对变化在 10% 以内，而 R 相对变化在整个区域几乎都超过 15%。PET 在整个区域上使 ET 增加、R 减少，相对变化不足 10%。另外，ET 对植被变化的响应似乎比 R 对植被变化的响应更强烈。植被变化对水循环变化相对贡献较高（超过40%）的区域主要位于相对干旱地区，水分限制区域植被相对贡献与LAI变化趋势之间存在显著相关性，结果表明，水分限制区域的水循环过程对植被变化更加敏感。本书建议，在水分限制区域进行植树造林等生态恢复工程时，应充分考虑植被对水资源的潜在负面影响。

6.2 研究展望

本书发展了考虑植被动态信息的分布式时变增益模型 DTVGM-PML，并实现了中国高分辨率的率定与检验，然后基于机器学习技术构建了全国尺度 DTVGM-PML 参数区域化方案，模拟分析了中国水循环演变规律，最后通过情景实验，定量评估了气候变化和植被变化对中国水循环的影响和相对贡献。本书仍存在以下不足，需要在未来的研究中进一步改进。

（1）干旱和半干旱地区的水文模拟仍然具有挑战性。本书基于 DTVGM-PML 的中国水文模拟在湿润区域效果更好，而干旱区模拟性能相对较差。其原因可能是模型结构缺陷、驱动数据误差以及用于模型率定的参考数据不确定性。DTVGM-PML 对流域水文过程的描述还不够完善，如忽略了地表、地下水相互作用和河道损失，也没有考虑人类活动过程，如水库调度、跨流域调水工程、取用水等。所使用的 GLDAS 气象驱动数据和 GLASS 陆面驱动数据也存在一定的不确定性，对模拟结果会有影响。另外，本书研究用于模型率定的参考数据（IGSNRR 产流和 GLEAM 蒸发）并不是标准的实际观测数据，在部分地区会存在一定的误差。尽管有研究表明多变量率定框架的有效性，但本书率定过程未包含实测径流数据。因此，未来的研究需要从完善模型结构、提高驱动数据精度以及更全面的模型率定验证框架多个方面改善水文模拟性能，尤其是针对干旱区的水文模拟。

（2）参数区域化中使用了坡度、高程、饱和土壤含水量、饱和水力传导系数、田间持水量、土壤质地等地形和土壤特征，物理属性并不完善，如未考虑土壤厚度、土地利用、气候特征等。对不同物理属性相对重要性的解释还存在一定的局限性，另外，也需要增加 GBM 模型训练次数，通过多次模拟来避免模型过拟合，以降低不确定性。

（3）模型没有考虑植被对气候（降水）的反馈作用，无法分离由于植被变化引起的气候变化对水文过程的影响。虽然在全国尺度上，这种影响基本可以忽略。但在局部区域尺度，植被覆盖增加引起的降水增加可能会抵消其导致的产流和土壤湿度的急剧减少。未来需要进一步加强考虑植被和气候双向耦合的大尺度陆面模式研究，提高耦合模式对降水和土壤湿度等过程的模拟精度，实现更准确的变化环境下水文响应评估。

参 考 文 献

ADNAN R M, LIANG Z, Trajkovic S, et al. , 2019. Daily streamflow prediction using optimally pruned extreme learning machine [J]. Journal of Hydrology, 577: 123981.

AKBARIMEHR M, NAGHDI R, 2012. Assessing the relationship of slope and runoff volume on skid trails (Case study: Nav 3 district) [J]. Journal of forest science (Praha), 58 (No. 8): 357-362.

ALLAN R, PEREIRA L, SMITH M, 1998. Crop evapotranspiration - Guidelines for computing crop water requirements [M]. Rome: FAO Irrigation and Drainage Paper 56: 300.

ANDREASSIAN V, 2004. Waters and forests: from historical controversy to scientific debate [J]. Journal of Hydrology, 291 (1-2): 1-27.

ARNELL N W, 2004. Climate change and global water resources: SRES emissions and socio-economic scenarios [J]. Global Environmental Change, 14 (1): 31-52.

BABA K, SHIBATA R, SIBUYA M, 2004. Partial correlation and conditional correlation as measures of conditional independence [J]. Australian & New Zealand Journal of Statistics, 46 (4): 657-664.

BAI M, MO X, LIU S, et al. , 2019. Contributions of climate change and vegetation greening to evapotranspiration trend in a typical hilly-gully basin on the Loess Plateau, China [J]. Science of The Total Environment, 657: 325-339.

BAI P, LIU X, 2018. Intercomparison and evaluation of three global high-resolution evapotranspiration products across China [J]. Journal of Hydrology, 566: 743-755.

BAI P, LIU X, LIU C, 2018. Improving hydrological simulations by incorporating GRACE data for model calibration [J]. Journal of Hydrology,

557: 291-304.

BAI P, LIU X, ZHANG Y, et al., 2020. Assessing the impacts of vegetation greenness change on evapotranspiration and water yield in China [J]. Water Resources Research, 56 (10): e2019WR027019.

BAI P, LIU X, ZHANG Y, et al., 2018. Incorporating vegetation dynamics noticeably improved performance of hydrological model under vegetation greening [J]. Science of The Total Environment, 643: 610-622.

BAI Y, ZHANG J, ZHANG S, et al., 2017. Using precipitation, vertical root distribution, and satellite-retrieved vegetation information to parameterize water stress in a Penman-Monteith approach to evapotranspiration modeling under Mediterranean climate [J]. Journal of Advances in Modeling Earth Systems, 9 (1): 168-192.

BAO Z, ZHANG J, LIU J, et al., 2012. Comparison of regionalization approaches based on regression and similarity for predictions in ungauged catchments under multiple hydro-climatic conditions [J]. Journal of Hydrology, 466-467: 37-46.

BATES C G, 1928. Forest and streamflow experiment at Wagon Wheel Gap, Colorado [J]. Monthly Weather Review Supplement, 30: 79.

BECK H E, PAN M, LIN P, et al., 2020. Global fully distributed parameter regionalization based on observed streamflow from 4229 headwater catchments [J]. Journal of Geophysical Research: Atmospheres, 125 (17): e2019JD031485.

BERGHUIJS W R, LARSEN J R, VAN EMMERIK T H M, et al., 2017. A global assessment of runoff sensitivity to changes in precipitation, potential evaporation, and other factors [J]. Water Resources Research, 53 (10): 8475-8486.

BERNACCHI C J, VANLOOCKE A, 2015. Terrestrial ecosystems in a changing environment: a dominant role for water [C]//Annual Review of Plant Biology. 599-622.

BEVEN K J, 2011. Rainfall-runoff modelling: the primer [M]. John Wiley & Sons.

BLOOMFIELD J P, ALLEN D J, GRIFFITHS K J, 2009. Examining geological controls on baseflow index (BFI) using regression analysis: An illustration from the Thames Basin, UK [J]. Journal of Hydrology, 373

(1 - 2): 164 - 176.

BLÖSCHL G, 2005. Rainfall - runoff modeling of ungauged catchments [C]//Encyclopedia of Hydrological Sciences. : 1 - 19.

BONAN G B, POLLARD D, THOMPSON S L, 1992. Effects of boreal forest vegetation on global climate [J]. Nature, 359: 716 - 718.

BOSCH J M, HEWLETT J D, 1982. A review of catchment experiments to determine the effect of vegetation changes on water yield and evapotranspiration [J]. Journal of Hydrology, 55 (1): 3 - 23.

BRAGA B, CHARTRES C, COSGROVE W J, et al., 2014. Water and the Future of Humanity: Revisiting Water Security [M]. Springer International: Calouste Gulbenkian Foundation.

BROWN A E, ZHANG L, MCMAHON T A, et al., 2005. A review of paired catchment studies for determining changes in water yield resulting from alterations in vegetation [J]. Journal of Hydrology, 310 (1 - 4): 28 - 61.

BRUIJNZEEL L A, 2004. Hydrological functions of tropical forests: not seeing the soil for the trees? [J]. Agriculture Ecosystems & Environment, 104 (1): 185 - 228.

BUDYKO M I, 1974. Climate and life [M]. Academic Press.

BUERMANN W, FORKEL M, O'SULLIVAN M, et al., 2018. Widespread seasonal compensation effects of spring warming on northern plant productivity [J]. Nature, 562 (7725): 110.

BURN D H, 2008. Climatic influences on streamflow timing in the headwaters of the Mackenzie River Basin [J]. Journal of Hydrology, 352 (1 - 2): 225 - 238.

CAI M, YANG S, ZENG H, et al., 2014. A distributed hydrological model driven by multi - source spatial data and its application in the ili river basin of central asia [J]. Water Resources Management, 28 (10): 2851 - 2866.

CAO S, CHEN L, SHANKMAN D, et al., 2011. Excessive reliance on afforestation in China's arid and semi - arid regions: Lessons in ecological restoration [J]. Earth - Science Reviews, 104 (4): 240 - 245.

CHAPLOT V A M, LE BISSONNAIS Y, 2003. Runoff features for interrill erosion at different rainfall intensities, slope lengths, and gradients in an agricultural loessial hillslope [J]. Soil Science Society of America Journal,

67（3）：844-851.

CHEN C, PARK T, WANG X, et al., 2019. China and India lead in greening of the world through land-use management [J]. Nature Sustainability, 2（2）：122-129.

CHEN Y, WANG K, LIN Y, et al., 2015. Balancing green and grain trade [J]. Nature Geoscience, 8（10）：739-741.

CHIEW F H S, SIRIWARDENA L, 2005. Estimation of SIMHYD parameter values for application in ungauged catchments [C]//International Congress on Modeling and Simulation (MODSIM05), Melbourne, AUSTRALIA.

CHOUDHURY B, 1999. Evaluation of an empirical equation for annual evaporation using field observations and results from a biophysical model [J]. Journal of Hydrology, 216（1-2）：99-110.

CLARK M P, FAN Y, LAWRENCE D M, et al., 2015. Improving the representation of hydrologic processes in Earth System Models [J]. Water Resources Research, 51（8）：5929-5956.

CLEUGH H A, LEUNING R, MU Q, et al., 2007. Regional evaporation estimates from flux tower and MODIS satellite data [J]. Remote Sensing of Environment, 106（3）：285-304.

CRED, 2021. Natural disasters 2019 [EB/OL]. https://cred.be/sites/default/files/adsr_2019.pdf.

DAVIE J C S, FALLOON P D, KAHANA R, et al., 2013. Comparing projections of future changes in runoff from hydrological and biome models in ISI-MIP [J]. Earth System Dynamics, 4（2）：359-374.

DEARDORFF J W, 1978. Efficient prediction of ground surface temperature and moisture, with inclusion of a layer of vegetation [J]. Journal of Geophysical Research: Oceans, 83（C4）：1889-1903.

DEMBÉLÉ M, HRACHOWITZ M, SAVENIJE H H G, et al., 2020. Improving the Predictive Skill of a Distributed Hydrological Model by Calibration on Spatial Patterns With Multiple Satellite Data Sets [J]. Water Resources Research, 56（1）：e2019WR026085.

DEMIREL M C, MAI J, MENDIGUREN G, et al., 2018. Combining satellite data and appropriate objective functions for improved spatial pattern performance of a distributed hydrologic model [J]. Hydrology and Earth

System Sciences, 22 (2): 1299-1315.

DING Y, REN G, ZHAO Z, et al., 2007. Detection, causes and projection of climate change over China: An overview of recent progress [J]. Advances in Atmospheric Sciences, 24 (6): 954-971.

DONG L, LEUNG L R, SONG F, et al., 2021. Uncertainty in El Niño-like warming and California precipitation changes linked by the Interdecadal Pacific Oscillation [J]. Nature Communications, 12 (1): 6484.

DONOHUE R J, RODERICK M L, MCVICAR T R, 2010. Can dynamic vegetation information improve the accuracy of Budyko's hydrological model? [J]. Journal of Hydrology, 390 (1-2): 23-34.

DORE M H I, 2005. Climate change and changes in global precipitation patterns: What do we know? [J]. Environment International, 31 (8): 1167-1181.

DOSDOGRU F, KALIN L, WANG R, et al., 2020. Potential impacts of land use/cover and climate changes on ecologically relevant flows [J]. Journal of Hydrology, 584: 124654.

DU L, ZENG Y, MA L, et al., 2021. Effects of anthropogenic revegetation on the water and carbon cycles of a desert steppe ecosystem [J]. Agricultural and Forest Meteorology, 300: 108339.

DUAN Q, SOROOSHIAN S, GUPTA V K, 1992. Effective and efficient global optimization for conceptual rainfall-runoff models [J]. Water Resources Research, 28 (4): 1015-1031.

DUAN Q, SOROOSHIAN S, GUPTA V K, 1994. Optimal use of the SCE-UA global optimization method for calibrating watershed models [J]. Journal of Hydrology, 158 (3): 265-284.

DUNNE T, LEOPOLD L B, 1978. Water in environmental planning [M]. Macmillan.

FANG H, LIANG S, TOWNSHEND J R, et al., 2008. Spatially and temporally continuous LAI data sets based on an integrated filtering method: Examples from North America [J]. Remote Sensing of Environment, 112 (1): 75-93.

FAWZY S, OSMAN A I, DORAN J, et al., 2020. Strategies for mitigation of climate change: a review [J]. Environmental Chemistry Letters, 18 (6): 2069-2094.

FENG S, LIU J, ZHANG Q, et al., 2020. A global quantitation of factors affecting evapotranspiration variability [J]. Journal of Hydrology, 584: 124688.

FENG X, FU B, PIAO S, et al., 2016. Revegetation in China's Loess Plateau is approaching sustainable water resource limits [J]. Nature Climate Change, 6 (11): 1019-1022.

FINGER D, VIS M, HUSS M, et al., 2015. The value of multiple data set calibration versus model complexity for improving the performance of hydrological models in mountain catchments [J]. Water Resources Research, 51 (4): 1939-1958.

FRANS C, ISTANBULLUOGLU E, MISHRA V, et al., 2013. Are climatic or land cover changes the dominant cause of runoff trends in the Upper Mississippi River Basin? [J]. Geophysical Research Letters, 40 (6): 1104-1110.

FREEZE R A, 1974. Streamflow generation [J]. Reviews of Geophysics, 12 (4): 627-647.

FREEZE R A, 1972. Role of subsurface flow in generating surface runoff: 2. Upstream source areas [J]. Water Resources Research, 8 (5): 1272-1283.

FRIEDMAN J H, 2001. Greedy Function Approximation: A Gradient Boosting Machine [J]. The Annals of Statistics, 29 (5): 1189-1232.

GALBRAITH D, LEVY P E, SITCH S, et al., 2010. Multiple mechanisms of Amazonian forest biomass losses in three dynamic global vegetation models under climate change [J]. New Phytologist, 187 (3): 647-665.

GAO Y, CHEN F, JIANG Y, 2020. Evaluation of a Convection-Permitting Modeling of Precipitation over the Tibetan Plateau and Its Influences on the Simulation of Snow-Cover Fraction [J]. Journal of Hydrometeorology, 21 (7): 1531-1548.

GAO Y, LEUNG L R, ZHANG Y, et al., 2015. Changes in Moisture Flux over the Tibetan Plateau during 1979-2011: Insights from a High-Resolution Simulation [J]. Journal of Climate, 28 (10): 4185-4197.

GARG V, NIKAM B R, THAKUR P K, et al., 2013. Assessment of the effect of slope on runoff potential of a watershed using NRCS-CN method [J]. Int. J. of Hydrology Science and Technology, 3 (2): 141-159.

GERTEN D, 2013. A vital link: water and vegetation in the Anthropocene [J]. Hydrology and Earth System Sciences, 17 (10): 3841-3852.

GONG D Y, PAN Y Z, WANG J A, 2004. Changes in extreme daily mean temperatures in summer in eastern China during 1955—2000 [J]. Theoretical and Applied Climatology, 77 (1): 25 – 37.

GOOD S P, NOONE D, BOWEN G, 2015. Hydrologic connectivity constrains partitioning of global terrestrial water fluxes [J]. Science, 349 (6244): 175 – 177.

GOU J, MIAO C, DUAN Q, et al., 2020. Sensitivity Analysis - Based Automatic Parameter Calibration of the VIC Model for Streamflow Simulations Over China [J]. Water Resources Research, 56 (1).

GUO D, WESTRA S, MAIER H R, 2017. Impact of evapotranspiration process representation on runoff projections from conceptual rainfall – runoff models [J]. Water Resources Research, 53 (1): 435 – 454.

GUO Y, ZHANG Y, ZHANG L, et al., 2021. Regionalization of hydrological modeling for predicting streamflow in ungauged catchments: A comprehensive review [J]. WIREs Water, 8 (1): e1487.

GUO Z, DIRMEYER P A, HU Z, et al., 2006. Evaluation of the Second Global Soil Wetness Project soil moisture simulations: 2. Sensitivity to external meteorological forcing [J]. Journal of Geophysical Rescarch: Atmospheres, 111: D22S03.

GUPTA H V, KLING H, YILMAZ K K, et al., 2009. Decomposition of the mean squared error and NSE performance criteria: Implications for improving hydrological modelling [J]. Journal of Hydrology, 377 (1 – 2): 80 – 91.

GUPTA H V, SOROOSHIAN S, YAPO P O, 1999. Status of Automatic Calibration for Hydrologic Models: Comparison with Multilevel Expert Calibration [J]. Journal of Hydrologic Engineering, 4 (2): 135 – 143.

HADDELAND I, HEINKE J, BIEMANS H, et al., 2014. Global water resources affected by human interventions and climate change [J]. Proceedings of the National Academy of Sciences, 111 (9): 3251.

HAO Z, SINGH V P, HAO F, 2018. Compound Extremes in Hydroclimatology: A Review [J] Water, 10 (6): 718.

HE Y, BáRDOSSY A, ZEHE E, 2011. A review of regionalisation for continuous streamflow simulation [J]. Hydrology and Earth System Sciences, 15 (11): 3539 – 3553.

HEUVELMANS G, MUYS B, FEYEN J, 2006. Regionalisation of the parameters of a hydrological model: Comparison of linear regression models with artificial neural nets [J]. Journal of Hydrology, 319 (1-4): 245-265.

HIBBERT A R, 1967. Forest treatment effects on water yield [C]//SOPPER W E, LULL H W. Int. Syrup. For. Hydrol, Pergamon, Oxford.

HRACHOWITZ M, SAVENIJE H H G, BLÖSCHL G, et al., 2013. A decade of Predictions in Ungauged Basins (PUB) —a review [J]. Hydrological Sciences Journal, 58 (6): 1198-1255.

HUANG C, 1995. Empirical Analysis of Slope and Runoff For Sediment Delivery from Interrill Areas [J]. Soil Science Society of America Journal, 59 (4): 982-990.

HUANG P, LI Z, CHEN J, et al., 2016. Event-based hydrological modeling for detecting dominant hydrological process and suitable model strategy for semi-arid catchments [J]. Journal of Hydrology, 542: 292-303.

HUANG Q, QIN G, ZHANG Y, et al., 2020. Using Remote Sensing Data-Based Hydrological Model Calibrations for Predicting Runoff in Ungauged or Poorly Gauged Catchments [J]. Water Resources Research, 56 (8): e2020WR028205.

HUNDECHA Y, BÁRDOSSY A, 2004. Modeling of the effect of land use changes on the runoff generation of a river basin through parameter regionalization of a watershed model [J]. Journal of Hydrology, 292 (1): 281-295.

HUNTINGFORD C, JEFFERS E S, BONSALL M B, et al., 2019. Machine learning and artificial intelligence to aid climate change research and preparedness [J]. Environmental Research Letters, 14 (12): 124007.

HUNTINGTON T G, 2006. Evidence for intensification of the global water cycle: Review and synthesis [J]. Journal of Hydrology, 319 (1): 83-95.

IMMERZEEL W W, DROOGERS P, 2008. Calibration of a distributed hydrological model based on satellite evapotranspiration [J]. Journal of Hydrology, 349 (3-4): 411-424.

IPCC, 2018. Global Warming of 1.5°C. An IPCC Special Report on the impacts of global warming of 1.5°C above pre-industrial levels and related global greenhouse gas emission pathways, in the context of strengthening the global response to the threat of climate change, sustainable development, and efforts to eradicate poverty [M]. Cambridge University Press, Cambridge, UK and New York, NY, USA, 616.

IPCC, 2022. Climate Change 2022: Impacts, Adaptation, and Vulnerability. Contribution of Working GroupII to the Sixth Assessment Report of the Intergovernmental Panel on Climate Change [M]. Cambridge University Press, Cambridge, UK and New York, NY, USA, 3056.

IPCC, 2021. Climate Change 2021: The Physical Science Basis. Contribution of Working Group I to the Sixth Assessment Report of the Intergovernmental Panel on Climate Change [M]. Cambridge University Press, Cambridge, UK and New York, NY, USA, 2391.

IVANOV V Y, BRAS R L, VIVONI E R, 2008. Vegetation – hydrology dynamics in complex terrain of semiarid areas: 2. Energy – water controls of vegetation spatiotemporal dynamics and topographic niches of favorability [J]. Water Resources Research, 44 (3): W03430.

IVANOV V Y, BRAS R L, VIVONI E R, 2008. Vegetation – hydrology dynamics in complex terrain of semiarid areas: 1. A mechanistic approach to modeling dynamic feedbacks [J]. Water Resources Research, 44 (3): W03429.

J V C, GREEN P, SALISBURY J, et al., 2000. Global Water Resources: Vulnerability from Climate Change and Population Growth [J]. Science, 289 (5477): 284 – 288.

JASECHKO S, SHARP Z D, GIBSON J J, et al., 2013. Terrestrial water fluxes dominated by transpiration [J]. Nature, 496 (7445): 347.

JEFFERSON A, GRANT G, ROSE T, 2006. Influence of volcanic history on groundwater patterns on the west slope of the Oregon High Cascades [J]. Water Resources Research, 42: W12411.

JIN Z, LIANG W, YANG Y, et al., 2017. Separating Vegetation Greening and Climate Change Controls on Evapotranspiration trend over the Loess Plateau [J]. Scientific Reports, 7 (1): 8191.

JUKIC D, DENIC – JUKIC V, 2011. Partial spectral analysis of hydrological time series [J]. Journal of Hydrology, 400 (1 – 2): 223 – 233.

KE W, WEN C, 2009. Climatology and trends of high temperature extremes across China in summer [J]. Atmospheric and Oceanic Science Letters, 2 (3): 153 – 158.

KENETT D Y, TUMMINELLO M, MADI A, et al., 2010. Dominating Clasp of the Financial Sector Revealed by Partial Correlation Analysis of the Stock Market [J]. PLOS ONE, 5 (12): e15032.

KIRBY C, NEWSON M D, GILMAN K, 1991. Plynlimon research: The first two Decades [C]//Wallingford. Institute of Hydrology.

KLING H, FUCHS M, PAULIN M, 2012. Runoff conditions in the upper Danube basin under an ensemble of climate change scenarios [J]. Journal of Hydrology, 424 - 425: 264 - 277.

KNOBEN W J M, WOODS R A, FREER J E, 2018. A Quantitative Hydrological Climate Classification Evaluated with Independent Streamflow Data [J]. Water Resources Research, 54 (7): 5088 - 5109.

KOSKINEN M, TAHVANAINEN T, SARKKOLA S, et al., 2017. Restoration of nutrient - rich forestry - drained peatlands poses a risk for high exports of dissolved organic carbon, nitrogen, and phosphorus [J]. Science of The Total Environment, 586: 858 - 869.

KUCZERA G, MROCZKOWSKI M, 1998. Assessment of hydrologic parameter uncertainty and the worth of multiresponse data [J]. Water Resources Research, 34 (6): 1481 - 1489.

KUHN M, 2008. Building predictive models in R using the caret package [J]. Journal of Statistical Software, 28 (5): 1 - 26.

LAWRENCE R, 2004. Classification of remotely sensed imagery using stochastic gradient boosting as a refinement of classification tree analysis [J]. Remote Sensing of Environment, 90 (3): 331 - 336.

LEI H, YANG D, HUANG M, 2014. Impacts of climate change and vegetation dynamics on runoff in the mountainous region of the Haihe River basin in the past five decades [J]. Journal of Hydrology, 511: 786 - 799.

LEIBSCHER H, 1970. Results of Research on Some Experimental Basins in the Upper Harz Mountains (Federal Republic of Germany) [J]. Journal of Hydrology (New Zealand), 9 (2): 163 - 176.

LEUNING R, ZHANG Y, RAJAUD A, et al., 2008. A simple surface conductance model to estimate regional evaporation using MODIS leaf area index and the Penman - Monteith equation [J]. Water Resources Research, 44 (10): W10419.

LI C, FU B, WANG S, et al., 2021. Drivers and impacts of changes in

China's drylands [J]. Nature Reviews Earth & Environment, 2 (12): 858 – 873.

LI D, PAN M, CONG Z, et al., 2013. Vegetation control on water and energy balance within the Budyko framework [J]. Water Resources Research, 49 (2): 969 – 976.

LI G, ZHANG F, JING Y, et al., 2017. Response of evapotranspiration to changes in land use and land cover and climate in China during 2001 – 2013 [J]. Science of The Total Environment, 596 – 597: 256 – 265.

LI H, HUANG M, WIGMOSTA M S, et al., 2011. Evaluating runoff simulations from the Community Land Model 4.0 using observations from flux towers and a mountainous watershed [J]. Journal of Geophysical Research: Atmospheres, 116: D24120.

LI H, ZHANG Y, CHIEW F H S, et al., 2009. Predicting runoff in ungauged catchments by using Xinanjiang model with MODIS leaf area index [J]. Journal of Hydrology, 370 (1 – 4): 155 – 162.

LI M, MA Z, LV M, 2017. Variability of modeled runoff over China and its links to climate change [J]. Climatic Change, 144 (3): 433 – 445.

LI Y, LIU C, YU W, et al., 2019. Response of streamflow to environmental changes: A Budyko – type analysis based on 144 river basins over China [J]. Science of The Total Environment, 664: 824 – 833.

LI Y, PIAO S, LI L, et al., 2018. Divergent hydrological response to large – scale afforestation and vegetation greening in China [J]. Science advances, 4 (5): r4182.

LI Z, QUIRING S M, 2021. Identifying the Dominant Drivers of Hydrological Change in the Contiguous United States [J]. Water Resources Research, 57 (5): e2021WR029738.

LIAN X, PIAO S, HUNTINGFORD C, et al., 2018. Partitioning global land evapotranspiration using CMIP5 models constrained by observations [J]. Nature Climate Change, 8 (7): 640.

LIAN X, PIAO S, LI L Z X, et al., 2020. Summer soil drying exacerbated by earlier spring greening of northern vegetation [J]. Science Advances, 6 (1): eaax0255.

LIAO S, LIU Z, LIU B, et al., 2020. Multistep – ahead daily inflow forecasting using the ERA – Interim reanalysis data set based on gradient – boosting regression trees [J]. Hydrology and Earth System Sciences, 24 (5): 2343 - 2363.

LIMA A R, CANNON A J, HSIEH W W, 2015. Nonlinear regression in environmental sciences using extreme learning machines: A comparative evaluation [J]. Environmental Modelling & Software, 73: 175 - 188.

LIU F, ZHANG G, SONG X, et al., 2020. High - resolution and three - dimensional mapping of soil texture of China [J]. Geoderma, 361: 114061.

LIU W, WEI X, LIU S, et al., 2015. How do climate and forest changes affect long - term streamflow dynamics? A case study in the upper reach of Poyang River basin [J]. Ecohydrology, 8 (1): 46 - 57.

LIU Y, XIAO J, JU W, et al., 2016. Recent trends in vegetation greenness in China significantly altered annual evapotranspiration and water yield [J]. Environmental Research Letters, 11 (9): 94010.

LIVNEH B, LETTENMAIER D P, 2013. Regional parameter estimation for the unified land model [J]. Water Resources Research, 49 (1): 100 - 114.

LOHMANN D, NOLTE - HOLUBE R, RASCHKE E, 1996. A large - scale horizontal routing model to be coupled to land surface parametrization schemes [J]. Tellus A: Dynamic Meteorology and Oceanography, 48 (5): 708 - 721.

LOHMANN D, RASCHKE E, NIJSSEN B, et al., 1998. Regional scale hydrology: I. Formulation of the VIC - 2L model coupled to a routing model [J]. Hydrological Sciences Journal, 43 (1): 131 - 141.

LU F, HU H, SUN W, et al., 2018. Effects of national ecological restoration projects on carbon sequestration in China from 2001 to 2010 [J]. Proceedings of the National Academy of Sciences, 115 (16): 4039.

LUO Y, GERTEN D, LE MAIRE G, et al., 2008. Modeled interactive effects of precipitation, temperature, and CO_2 on ecosystem carbon and water dynamics in different climatic zones [J]. Global Change Biology, 14 (9): 1986 - 1999.

LUO Y, YANG Y, YANG D, et al., 2020. Quantifying the impact of vegetation changes on global terrestrial runoff using the Budyko framework [J]. Journal of Hydrology, 590: 125389.

MANABE S, 1969. Climate and the ocean circulation: II. The atmospheric circulation and the effect of heat transfer by ocean currents [J]. Monthly

Weather Review, 97 (11): 775-805.

MARTENS B, MIRALLES D G, LIEVENS H, et al., 2017. GLEAM v3: satellite-based land evaporation and root-zone soil moisture [J]. Geoscientific Model Development, 10 (5): 1903-1925.

MCVICAR T R, LI L, VAN NIEL T G, et al., 2007. Developing a decision support tool for China's re-vegetation program: Simulating regional impacts of afforestation on average annual streamflow in the Loess Plateau [J]. Forest Ecology and Management, 251 (1): 65-81.

MENG S, XIE X, ZHU B, et al., 2020. The relative contribution of vegetation greening to the hydrological cycle in the Three-North region of China: A modelling analysis [J]. Journal of Hydrology, 591: 125689.

MENG X H, EVANS J P, MCCABE M F, 2014. The impact of observed vegetation changes on land-atmosphere feedbacks during drought [J]. Journal of Hydrometeorology, 15 (2): 759-776.

MIAO Y, WANG A, 2020. A daily $0.25°\times0.25°$ hydrologically based land surface flux dataset for conterminous China, 1961-2017 [J]. Journal of Hydrology, 590: 125413.

MILLY P C D, DUNNE K A, VECCHIA A V, 2005. Global pattern of trends in streamflow and water availability in a changing climate [J]. Nature, 438 (7066): 347-350.

MIZUKAMI N, CLARK M P, NEWMAN A J, et al., 2017. Towards seamless large-domain parameter estimation for hydrologic models [J]. Water Resources Research, 53 (9): 8020-8040.

MONTANARI A, YOUNG G, SAVENIJE H H G, et al., 2013. "Panta Rhei—Everything Flows": Change in hydrology and society—The IAHS Scientific Decade 2013-2022 [J]. Hydrological Sciences Journal, 58 (6): 1256-1275.

MONTEITH J L, 1965. Evaporation and the environment [J]. Symposia of the Society for Experimental Biology (19): 205-234.

MONTGOMERY D R, DIETRICH W E, 2002. Runoff generation in a steep, soil-mantled landscape [J]. Water Resources Research, 38 (9): 1-7.

MORILLAS L, LEUNING R, VILLAGARCÍA L, et al., 2013. Improving evapotranspiration estimates in Mediterranean drylands: The role of soil evaporation [J]. Water Resources Research, 49 (10): 6572-6586.

MU Q, HEINSCH F A, ZHAO M, et al., 2007. Development of a global evapotranspiration algorithm based on MODIS and global meteorology data [J]. Remote Sensing of Environment, 111 (4): 519-536.

MU Q, ZHAO M, RUNNING S W, 2011. Improvements to a MODIS global terrestrial evapotranspiration algorithm [J]. Remote Sensing of Environment, 115 (8): 1781-1800.

MURRAY-TORTAROLO G, ANAV A, FRIEDLINGSTEIN P, et al., 2013. Evaluation of land surface models in reproducing satellite-derived LAI over the high-latitude northern hemisphere. part I: Uncoupled DGVMs [J]. Remote Sensing, 5 (10): 4819-4838.

NASH J E, SUTCLIFFE J V, 1970. River flow forecasting through conceptual models part I — A discussion of principles [J]. Journal of Hydrology, 10 (3): 282-290.

NATEKIN A, KNOLL A, 2013. Gradient boosting machines, a tutorial [J]. Frontiers in Neurorobotics, 7.

NEWMAN A J, MIZUKAMI N, CLARK M P, et al., 2017. Benchmarking of a Physically Based Hydrologic Model [J]. Journal of Hydrometeorology, 18 (8): 2215-2225.

NIJZINK R C, ALMEIDA S, PECHLIVANIDIS I G, et al., 2018. Constraining Conceptual Hydrological Models with Multiple Information Sources [J]. Water Resources Research, 54 (10): 8332-8362.

NING L, XIA J, ZHAN C, et al., 2016. Runoff of arid and semi-arid regions simulated and projected by CLM-DTVGM and its multi-scale fluctuations as revealed by EEMD analysis [J]. Journal of Arid Land, 8 (4): 506-520.

OLESON K W, LAWRENCE D M, B G, et al., 2010. Technical Description of version 4.0 of the Community Land Model (CLM) [R]. University Corpororation for Atmospheric Research.

OUBEIDILLAH A A, KAO S C, ASHFAQ M, et al., 2014. A large-scale, high-resolution hydrological model parameter data set for climate change impact assessment for the conterminous US [J]. Hydrology and Earth System Sciences, 18 (1): 67-84.

OUDIN L, ANDRéASSIAN V, PERRIN C, et al., 2008. Spatial proximity, physical similarity, regression and ungaged catchments: A comparison of regionalization approaches based on 913 French catchments [J]. Water Resources Research, 44 (3): W03413.

PAGLIERO L, BOURAOUI F, DIELS J, et al., 2019. Investigating regionalization techniques for large-scale hydrological modelling [J]. Journal of Hydrology, 570: 220-235.

PARAJKA J, MERZ R, BLöSCHL G, 2005. A comparison of regionalisation methods for catchment model parameters [J]. Hydrology and Earth System Sciences, 9 (3): 157-171.

PARAJKA J, VIGLIONE A, ROGGER M, et al., 2013. Comparative assessment of predictions in ungauged basins - Part 1: Runoff - hydrograph studies [J]. Hydrology and Earth System Sciences, 17 (5): 1783-1795.

PARR D, WANG G, BJERKLIE D, 2015. Integrating remote sensing data on evapotranspiration and leaf area index with hydrological modeling: impacts on model performance and future predictions [J]. Journal of Hydrometeorology, 16 (5): 2086-2100.

PEEL M C, MCMAHON T A, FINLAYSON B L, 2010. Vegetation impact on mean annual evapotranspiration at a global catchment scale [J]. Water Resources Research, 46 (9): W09508.

PENG S, CHEN A, XU L, et al., 2011. Recent change of vegetation growth trend in China [J]. Environmental Research Letters, 6 (4): 44027.

PENMAN H L, KEEN B A, 1948. Natural evaporation from open water, bare soil and grass [J]. Proceedings of the Royal Society of London. Series A. Mathematical and Physical Sciences, 193 (1032): 120-145.

PERRIN C, MICHEL C, ANDRÉASSIAN V, 2001. Does a large number of parameters enhance model performance? Comparative assessment of common catchment model structures on 429 catchments [J]. Journal of Hydrology, 242 (3-4): 275-301.

PIAO S, CIAIS P, HUANG Y, et al., 2010. The impacts of climate change on water resources and agriculture in China [J]. Nature, 467 (7311): 43-51.

PIAO S, FRIEDLINGSTEIN P, CIAIS P, et al., 2007. Changes in Climate and Land Use Have a Larger Direct Impact than Rising CO_2 on Global River Runoff Trends [J]. Proceedings of the National Academy of Sciences -

PNAS, 104 (39): 15242-15247.

PIAO S, WANG X, PARK T, et al., 2020. Characteristics, drivers and feedbacks of global greening [J]. Nature Reviews Earth & Environment, 1 (1): 14-27.

PIAO S, YIN G, TAN J, et al., 2015. Detection and attribution of vegetation greening trend in China over the last 30 years [J]. Global Change Biology, 21 (4): 1601-1609.

PINZON J E, TUCKER C J, 2014. A Non-Stationary 1981—2012 AVHRR NDVI3g Time Series [J]. Remote Sensing, 6 (8): 6929-6960.

POST D A, JAKEMAN A J, 1996. Relationships between catchment attributes and hydrological response characteristics in small australian mountain ash catchments [J]. Hydrological Processes, 10 (6): 877-892.

PRIETO C, LE VINE N, KAVETSKI D, et al., 2019. Flow Prediction in Ungauged Catchments Using Probabilistic Random Forests Regionalization and New Statistical Adequacy Tests [J]. Water Resources Research, 55 (5): 4364-4392.

QIU L, WU Y, SHI Z, et al., 2021. Quantifying the Responses of Evapotranspiration and Its Components to Vegetation Restoration and Climate Change on the Loess Plateau of China [J]. Remote Sensing, 13 (12): 2358.

RAJAEE T, EBRAHIMI H, NOURANI V, 2019. A review of the artificial intelligence methods in groundwater level modeling [J]. Journal of Hydrology, 572: 336-351.

RANDRIANASOLO A, RAMOS M H, ANDRÉASSIAN V, 2011. Hydrological ensemble forecasting at ungauged basins: using neighbour catchments for model setup and updating [J]. Advances in Geosciences, 29: 1-11.

RAZAVI T, COULIBALY P, 2013. Streamflow Prediction in Ungauged Basins: Review of Regionalization Methods [J]. Journal of Hydrologic Engineering, 18 (8): 958-975.

REHANA S, MONISH N T, 2021. Impact of potential and actual evapotranspiration on drought phenomena over water and energy-limited regions [J]. Theoretical and Applied Climatology, 144 (1-2): 215-238.

ROBINSON M, COGNARD-PLANCQ A L, COSANDEY C, et al., 2003. Studies of the impact of forests on peak flows and baseflows: a European perspective [J]. Forest Ecology and Management, 186 (1 - 3): 85 - 97.

RUFFIN C, KING R L, YOUNAN N H, 2008. A Combined Derivative Spectroscopy and Savitzky - Golay Filtering Method for the Analysis of Hyperspectral Data [J]. GIScience & Remote Sensing, 45 (1): 1 - 15.

RUMMUKAINEN M, 2013. Climate change: changing means and changing extremes [J]. Climatic Change, 121 (1): 3 - 13.

RUMSEY C A, MILLER M P, SUSONG D D, et al., 2015. Regional scale estimates of baseflow and factors influencing baseflow in the Upper Colorado River Basin [J]. Journal of Hydrology: Regional Studies, 4: 91 - 107.

SAHOO A K, DIRMEYER P A, HOUSER P R, et al., 2008. A study of land surface processes using land surface models over the Little River Experimental Watershed, Georgia [J]. Journal of Geophysical Research: Atmospheres, 113: D20121.

SCHEWE J, HEINKE J, GERTEN D, et al., 2014. Multimodel assessment of water scarcity under climate change [J]. Proceedings of the National Academy of Sciences, 111 (9): 3245.

SCHüTZ N, LEICHTLE A B, RIESEN K, 2019. A comparative study of pattern recognition algorithms for predicting the inpatient mortality risk using routine laboratory measurements [J]. Artificial Intelligence Review, 52 (4): 2559 - 2573.

SCOTT D F, LE MAITRE D C, FAIRBANKS D, 1998. Forestry and streamflow reductions in South Africa: A reference system for assessing extent and distribution [J]. Water SA, 24 (3): 187 - 199.

SEFTON C E M, HOWARTH S M, 1998. Relationships between dynamic response characteristics and physical descriptors of catchments in England and Wales [J]. Journal of Hydrology, 211 (1): 1 - 16.

SEGURA C, NOONE D, WARREN D, et al., 2019. Climate, Landforms, and Geology Affect Baseflow Sources in a Mountain Catchment [J]. Water Resources Research, 55 (7): 5238 - 5254.

SEIBERT J, VIS M J P, 2012. Teaching hydrological modeling with a user - friendly catchment - runoff - model software package [J]. Hydrology and Earth System Sciences, 16 (9): 3315 - 3325.

SHAO R, ZHANG B, SU T, et al., 2019. Estimating the increase in regional evaporative water consumption as a result of vegetation restoration over the loess plateau, china [J]. Journal of Geophysical Research: Atmospheres, 124 (22): 11783 – 11802.

SHEFFIELD J, GOTETI G, WOOD E F, 2006. Development of a 50 – year high – resolution global dataset of meteorological forcings for land surface modeling [J]. Journal of Climate, 19 (13): 3088 – 3111.

SHEN C, 2018. A transdisciplinary review of deep learning research and its relevance for water resources scientists [J]. Water Resources Research, 54 (11): 8558 – 8593.

SHEN C, NIU J, PHANIKUMAR M S, 2013. Evaluating controls on coupled hydrologic and vegetation dynamics in a humid continental climate watershed using a subsurface – land surface processes model [J]. Water Resources Research, 49 (5): 2552 – 2572.

SHU C, OUARDA T B M J, 2012. Improved methods for daily streamflow estimates at ungauged sites [J]. Water Resources Research, 48 (2): W02523.

SHU S, WANG Y, XIONG A, 2007. Estimation and analysis for geographic and orographic influences on precipitation distribution in China [J]. Chinese Journal of Geophysics – Chinese Edition, 50 (6): 1703 – 1712.

SONG J, XIA J, ZHANG L, et al., 2015. Streamflow prediction in ungauged basins by regressive regionalization: a case study in Huai River Basin, China [J]. Hydrology Research, 47 (5): 1053 – 1068.

SONG X, ZHAN C, XIA J, et al., 2012. An efficient global sensitivity analysis approach for distributed hydrological model [J]. Journal of Geographical Sciences, 22 (2): 209 – 222.

SONG Y, MA M, 2011. A statistical analysis of the relationship between climatic factors and the Normalized Difference Vegetation Index in China [J]. International Journal of Remote Sensing, 32 (14): 3947 – 3965.

SONG Z, XIA J, WANG G, et al., 2022. Regionalization of hydrological model parameters using gradient boosting machine [J]. Hydrology and Earth System Sciences, 26 (2): 505 – 524.

STEIN U, ALPERT P, 1993. Factor separation in numerical simulations [J]. Journal of the Atmospheric Sciences, 50 (14): 2107 – 2115.

SUN A Y, WANG D, XU X, 2014. Monthly streamflow forecasting using

Gaussian Process Regression [J]. Journal of Hydrology, 511: 72-81.

SUN G, ZHOU G, ZHANG Z, et al., 2006. Potential water yield reduction due to forestation across China [J]. Journal of Hydrology, 328 (3-4): 548-558.

SUN H, WANG A, ZHAI J, et al., 2018. Impacts of global warming of 1.5℃ and 2.0℃ on precipitation patterns in China by regional climate model (COSMO-CLM) [J]. Atmospheric Research, 203: 83-94.

SUTANUDJAJA E H, VAN BEEK R, WANDERS N, et al., 2018. PCR-GLOBWB 2: a 5arcmin global hydrological and water resources model [J]. Geoscientific Model Development, 11 (6): 2429-2453.

SWANK W T, CROSSLEY D A, 1988. Forest hydrology and ecology at Coweeta [M]. New York: Springer Science & Business Media: 469.

TAGUE C L, BAND L E, 2004. RHESSys: Regional Hydro-Ecologic Simulation System—An Object-Oriented Approach to Spatially Distributed Modeling of Carbon, Water, and Nutrient Cycling [J]. Earth Interactions, 8 (19): 1-42.

TAGUE C, GRANT G E, 2004. A geological framework for interpreting the low-flow regimes of Cascade streams, Willamette River Basin, Oregon [J]. Water Resources Research, 40: W043034.

TANG Q, 2020. Global change hydrology: Terrestrial water cycle and global change [J]. Science China Earth Sciences, 63 (3): 459-462.

TARBOTON D G, 2003. Rainfall-runoff processes [J]. Utah State University, 1 (2).

TAYLOR K E, 2001. Summarizing multiple aspects of model performance in a single diagram [J]. Journal of Geophysical Research: Atmospheres, 106 (D7): 7183-7192.

TAYLOR R G, TODD M C, KONGOLA L, et al., 2013. Evidence of the dependence of groundwater resources on extreme rainfall in East Africa [J]. Nature Climate Change, 3 (4): 374-378.

TE LINDE A H, AERTS J C J H, HURKMANS R T W L, et al., 2008. Comparing model performance of two rainfall-runoff models in the Rhine basin using different atmospheric forcing data sets [J]. Hydrology and Earth System Sciences, 12 (3): 943-957.

TESEMMA Z K, WEI Y, PEEL M C, et al., 2015. Including the dynamic relationship between climatic variables and leaf area index in a hydrological model to improve streamflow prediction under a changing climate [J]. Hydrology and Earth System Sciences, 19 (6): 2821 – 2836.

TEULING A J, TAYLOR C M, MEIRINK J F, et al., 2017. Observational evidence for cloud cover enhancement over western European forests [J]. Nature Communications, 8 (1): 14065.

THOMPSON S E, HARMAN C J, KONINGS A G, et al., 2011. Comparative hydrology across AmeriFlux sites: The variable roles of climate, vegetation, and groundwater [J]. Water Resources Research, 47 (10): W00J07.

THORNTHWAITE C W, 1948. An approach toward a rational classification of climate [J]. Geographical Review, 38 (1): 55 – 94.

VAN DER ENT R J, SAVENIJE H H G, SCHAEFLI B, et al., 2010. Origin and fate of atmospheric moisture over continents [J]. Water Resources Research, 46 (9): W09525.

VAN DIJK A I J M, BRUIJNZEEL L A, 2001. Modelling rainfall interception by vegetation of variable density using an adapted analytical model. Part 1. Model description [J]. Journal of Hydrology (Amsterdam), 247 (3 – 4): 230 – 238.

WADA Y, BIERKENS M F P, DE ROO A, et al., 2017. Human – water interface in hydrological modelling: current status and future directions [J]. Hydrology and Earth System Sciences, 21 (8): 4169 – 4193.

WANG A, ZENG X, 2011. Sensitivities of terrestrial water cycle simulations to the variations of precipitation and air temperature in China [J]. Journal of Geophysical Research: Atmospheres, 116: D02107.

WANG D, ALIMOHAMMADI N, 2012. Responses of annual runoff, evaporation, and storage change to climate variability at the watershed scale [J]. Water Resources Research, 48 (5): W05546.

WANG G, XIA J, CHEN J, 2009. Quantification of effects of climate variations and human activities on runoff by a monthly water balance model: A case study of the Chaobai River basin in northern China [J]. Water Resources Research, 45 (7): W00A11.

WANG G, XIA J, LI X, et al., 2021. Critical advances in understanding ecohydrological processes of terrestrial vegetation: From leaf to watershed scale [J]. Chinese Science Bulletin – Chinese, 66 (28 – 29): 3667 – 3683.

WANG K, DICKINSON R E, 2012. A review of global terrestrial evapotranspiration: Observation, modeling, climatology, and climatic variability [J]. Reviews of Geophysics, 50 (2): RG2005.

WANG S, FU B, PIAO S, et al., 2016. Reduced sediment transport in the Yellow River due to anthropogenic changes [J]. Nature Geoscience, 9 (1): 38.

WASEEM M, AJMAL M, KIM T, 2016. Improving the flow duration curve predictability at ungauged sites using a constrained hydrologic regression technique [J]. KSCE Journal of Civil Engineering, 20 (7): 3012-3021.

WEI X, LI Q, ZHANG M, et al., 2017. Vegetation cover—another dominant factor in determining global water resources in forested regions [J]. Global Change Biology, 24 (2): 786-795.

WEI X, SUN G, LIU S, et al., 2008. The Forest-Streamflow Relationship in China: A 40 - Year Retrospect1 [J]. Journal of the American Water Resources Association, 44 (5): 1076-1085.

WHEATER H, SOROOSHIAN S, SHARMA K D, 2007. Hydrological modelling in arid and semi-arid areas [M]. Cambridge University Press.

WU H, KIMBALL J S, LI H, et al., 2012. A new global river network database for macroscale hydrologic modeling [J]. Water Resources Research, 48 (9).

XENOCHRISTOU M, HUTTON C, HOFMAN J, et al., 2020. Water demand forecasting accuracy and influencing factors at different spatial scales using a gradient boosting machine [J]. Water Resources Research, 56 (8): e2019WR026304.

XI Y, PENG S, CIAIS P, et al., 2018. Contributions of climate change, CO_2, land-use change, and human activities to changes in river flow across 10 Chinese basins [J]. Journal of Hydrometeorology, 19 (11): 1899-1914.

XIA J, 2002. A system approach to real-time hydrologic forecast in watersheds [J]. Water International, 27 (1): 87-97.

XIA J, O'CONNOR K M, KACHROO R K, et al., 1997. A non-linear perturbation model considering catchment wetness and its application in river flow forecasting [J]. Journal of Hydrology, 200 (1): 164-178.

XIA J, WANG G, TAN G, et al., 2005. Development of distributed time-variant gain model for nonlinear hydrological systems [J]. Science in China Series D: Earth Sciences, 48 (6): 713 – 723.

XIA J, WANG Q, ZHANG X, et al., 2018. Assessing the influence of climate change and inter – basin water diversion on Haihe River basin, eastern China: a coupled model approach [J]. Hydrogeology Journal, 26 (5): 1455 – 1473.

XIA J, ZHANG Y, XIONG L, et al., 2017. Opportunities and challenges of the Sponge City construction related to urban water issues in China [J]. Science China Earth Sciences, 60 (4): 652 – 658.

XIA R, WANG G, ZHANG Y, et al., 2020. River algal blooms are well predicted by antecedent environmental conditions [J]. Water Research, 185: 116221.

XIE K, LIU P, ZHANG J, et al., 2020. Identification of spatially distributed parameters of hydrological models using the dimension – adaptive key grid calibration strategy [J]. Journal of Hydrology, 598: 125772.

XIE S, MO X, HU S, et al., 2020. Contributions of climate change, elevated atmospheric CO_2 and human activities to ET and GPP trends in the Three – North Region of China [J]. Agricultural and Forest Meteorology, 295: 108183.

XIE X, LIANG S, YAO Y, et al., 2015. Detection and attribution of changes in hydrological cycle over the Three – North region of China: Climate change versus afforestation effect [J]. Agricultural and Forest Meteorology, 203: 74 – 87.

XU C Y, 1999. Estimation of Parameters of a Conceptual Water Balance Model for Ungauged Catchments [J]. Water Resources Management, 13 (5): 353 – 368.

XU X, LIU W, SCANLON B R, et al., 2013. Local and global factors controlling water – energy balances within the Budyko framework [J]. Geophysical Research Letters, 40 (23): 6123 – 6129.

YAN J, JIA S, LV A, et al., 2019. Water Resources Assessment of China's Transboundary River Basins Using a Machine Learning Approach [J]. Water Resources Research, 55 (1): 632 – 655.

YANG D, SHAO W, YEH P J F, et al., 2009. Impact of vegetation coverage on regional water balance in the nonhumid regions of China [J]. Water

Resources Research, 45 (7): W00A14.

YANG D, YANG Y, XIA J, 2021. Hydrological cycle and water resources in a changing world: A review [J]. Geography and Sustainability, 2 (2): 115-122.

YANG H, YANG D, LEI Z, et al., 2008. New analytical derivation of the mean annual water-energy balance equation [J]. Water Resources Research, 44 (3): W03410.

YANG Q, ZHANG H, PENG W, et al., 2019. Assessing climate impact on forest cover in areas undergoing substantial land cover change using Landsat imagery [J]. Science of The Total Environment, 659: 732-745.

YANG X, MAGNUSSON J, HUANG S, et al., 2020. Dependence of regionalization methods on the complexity of hydrological models in multiple climatic regions [J]. Journal of Hydrology, 582 (C): 124357.

YANG X, MAGNUSSON J, RIZZI J, et al., 2018. Runoff prediction in ungauged catchments in Norway: comparison of regionalization approaches [J]. Hydrology Research, 49 (2): 487-505.

YANG X, YONG B, REN L, et al., 2017. Multi-scale validation of GLEAM evapotranspiration products over China via ChinaFLUX ET measurements [J]. International Journal of Remote Sensing, 38 (20): 5688-5709.

YANG Y, PAN M, BECK H E, et al., 2019. In Quest of Calibration Density and Consistency in Hydrologic Modeling: Distributed Parameter Calibration against Streamflow Characteristics [J]. Water Resources Research, 55 (9): 7784-7803.

YASEEN Z M, EL-SHAFIE A, JAAFAR O, et al., 2015. Artificial intelligence based models for stream-flow forecasting: 2000-2015 [J]. Journal of Hydrology, 530: 829-844.

YOUNG A R, 2006. Stream flow simulation within UK ungauged catchments using a daily rainfall-runoff model [J]. Journal of Hydrology, 320 (1): 155-172.

YU R, ZHOU T, 2007. Seasonality and three-dimensional structure of interdecadal change in the East Asian monsoon [J]. Journal of Climate, 20 (21): 5344-5355.

ZECHARIAS Y B, BRUTSAERT W, 1988. Recession characteristics of groundwater outflow and base flow from mountainous watersheds [J].

Water Resources Research, 24 (10): 1651-1658.

ZENG S, XIA J, CHEN X, et al., 2020. Integrated land-surface hydrological and biogeochemical processes in simulating water, energy and carbon fluxes over two different ecosystems [J]. Journal of Hydrology, 582: 124390.

ZENG Z, PENG L, PIAO S, 2018a. Response of terrestrial evapotranspiration to Earth's greening [J]. Current Opinion in Environmental Sustainability, 33: 9-25.

ZENG Z, PIAO S, LI L Z X, et al., 2018b. Impact of Earth Greening on the Terrestrial Water Cycle [J]. Journal of Climate, 31 (7): 2633-2650.

ZENG Z, PIAO S, LI L Z X, et al., 2017. Climate mitigation from vegetation biophysical feedbacks during the past three decades [J]. Nature Climate Change, 7 (6): 432-436.

ZHAI P, PAN X, 2003. Trends in temperature extremes during 1951—1999 in China [J]. Geophysical Research Letters, 30 (17): 1913.

ZHAI P, ZHANG X, WAN H, et al., 2005. Trends in Total Precipitation and Frequency of Daily Precipitation Extremes over China [J]. Journal of Climate, 18 (7): 1096-1108.

ZHAN C, SONG X, XIA J, et al., 2013. An efficient integrated approach for global sensitivity analysis of hydrological model parameters [J]. Environmental Modelling & Software, 41: 39-52.

ZHANG C, ABBASZADEH P, XU L, et al., 2021. A combined optimization-assimilation framework to enhance the predictive skill of community land model [J]. Water Resources Research, 57 (12) e2021WR029879.

ZHANG G, CHEN F, GAN Y, 2016. Assessing uncertainties in the Noah-MP ensemble simulations of a cropland site during the Tibet Joint International Cooperation program field campaign [J]. Journal of Geophysical Research: Atmospheres, 121 (16): 9576-9596.

ZHANG K, KIMBALL J S, NEMANI R R, et al., 2015. Vegetation Greening and Climate Change Promote Multidecadal Rises of Global Land Evapotranspiration [J]. Scientific Reports, 5 (1): 15956.

ZHANG K, KIMBALL J S, RUNNING S W, 2016. A review of remote sensing based actual evapotranspiration estimation [J]. WIREs Water, 3 (6): 834-853.

ZHANG L, DAWES W, WALKER G, 2001. Response of mean annual evapotranspiration to vegetation changes at catchment scale [J]. Water Resources Research, 37 (3): 701-708.

ZHANG L, HICKEL K, DAWES W R, et al., 2004. A rational function approach for estimating mean annual evapotranspiration [J]. Water Resources Research, 40 (2): W02502.

ZHANG M, LIN H, LONG X, et al., 2021. Analyzing the spatiotemporal pattern and driving factors of wetland vegetation changes using 2000-2019 time-series Landsat data [J]. Science of The Total Environment, 780: 146615.

ZHANG M, LIU N, HARPER R, et al., 2017. A global review on hydrological responses to forest change across multiple spatial scales: Importance of scale, climate, forest type and hydrological regime [J]. Journal of Hydrology, 546: 44-59.

ZHANG S, YANG H, YANG D, et al., 2016. Quantifying the effect of vegetation change on the regional water balance within the Budyko framework [J]. Geophysical Research Letters, 43 (3): 1140-1148.

ZHANG S, YANG Y, MCVICAR T R, et al., 2018. An Analytical Solution for the Impact of Vegetation Changes on Hydrological Partitioning Within the Budyko Framework [J]. Water Resources Research, 54 (1): 519-537.

ZHANG X, TANG Q, PAN M, et al., 2014. A Long-Term Land Surface Hydrologic Fluxes and States Dataset for China [J]. Journal of Hydrometeorology, 15 (5): 2067-2084.

ZHANG Y, CHIEW F H S, LI M, et al., 2018. Predicting Runoff Signatures Using Regression and Hydrological Modeling Approaches [J]. Water Resources Research, 54 (10): 7859-7878.

ZHANG Y, CHIEW F H S, LIU C, et al., 2020. Can Remotely Sensed Actual Evapotranspiration Facilitate Hydrological Prediction in Ungauged Regions Without Runoff Calibration? [J]. Water Resources Research, 56 (1): e2019WR026236.

ZHANG Y, CHIEW F H S, PEÑA-ARANCIBIA J, et al., 2017. Global variation of transpiration and soil evaporation and the role of their major climate drivers [J]. Journal of Geophysical Research: Atmospheres, 122

(13): 6868 – 6881.

ZHANG Y, CHIEW F H S, ZHANG L, et al., 2008. Estimating catchment evaporation and runoff using MODIS leaf area index and the Penman – Monteith equation [J]. Water Resources Research, 44 (10): W10420.

ZHANG Y, CHIEW F H S, ZHANG L, et al., 2009. Use of Remotely Sensed Actual Evapotranspiration to Improve Rainfall – Runoff Modeling in Southeast Australia [J]. Journal of Hydrometeorology, 10 (4): 969 – 980.

ZHANG Y, PEñA – ARANCIBIA J L, MCVICAR T R, et al., 2016. Multi – decadal trends in global terrestrial evapotranspiration and its components [J]. Scientific Reports, 6 (1): 19124.

ZHANG Y, PENG C, LI W, et al., 2016. Multiple afforestation programs accelerate the greenness in the 'Three North' region of China from 1982 to 2013 [J]. Ecological Indicators, 61: 404 – 412.

ZHANG Y, XU Y, DONG W, et al., 2006. A future climate scenario of regional changes in extreme climate events over China using the PRECIS climate model [J]. Geophysical Research Letters, 33 (24): L24702.

ZHANG Z, ZHANG Q, SINGH V P, 2018. Univariate streamflow forecasting using commonly used data – driven models: literature review and case study [J]. Hydrological Sciences Journal, 63 (7): 1091 – 1111.

ZHAO L, XIA J, XU C, et al., 2013. Evapotranspiration estimation methods in hydrological models [J]. Journal of Geographical Sciences, 23 (2): 359 – 369.

ZHOU G, WEI X, CHEN X, et al., 2015. Global pattern for the effect of climate and land cover on water yield [J]. Nature Communications, 6 (1): 5918.

ZHOU S, YU B, HUANG Y, et al., 2015. The complementary relationship and generation of the Budyko functions [J]. Geophysical Research Letters, 42 (6): 1781 – 1790.

ZHOU Y, ZHANG Y, VAZE J, et al., 2013. Improving runoff estimates using remote sensing vegetation data for bushfire impacted catchments [J]. Agricultural and Forest Meteorology, 182 – 183: 332 – 341.

ZHU Z, BI J, PAN Y, et al., 2013. Global Data Sets of Vegetation Leaf Area Index (LAI) 3g and Fraction of Photosynthetically Active Radiation (FPAR) 3g Derived from Global Inventory Modeling and Mapping Studies

(GIMMS) Normalized Difference Vegetation Index (NDVI3g) for the Period 1981 to 2011 [J]. Remote Sensing, 5 (2): 927-948.

ZHU Z, PIAO S, MYNENI R B, et al., 2016. Greening of the Earth and its drivers [J]. Nature Climate Change, 6 (8): 791-795.

ZHUO L, HAN D, 2016. Could operational hydrological models be made compatible with satellite soil moisture observations? [J]. Hydrological Processes, 30 (10): 1637-1648.

ZONG Y, CHEN X, 2000. The 1998 Flood on the Yangtze, China [J]. Natural Hazards, 22 (2): 165-184.

曹文旭, 张志强, 查同刚, 等, 2018. 基于 Budyko 假设的潮河流域气候和植被变化对实际蒸散发的影响研究 [J]. 生态学报, 38 (16): 5750-5758.

陈军锋, 李秀彬, 2001. 森林植被变化对流域水文影响的争论 [J]. 自然资源学报, 5: 474-480.

陈玲飞, 王红亚, 2004. 中国小流域径流对气候变化的敏感性分析 [J]. 资源科学, 6: 62-68.

陈婷, 夏军, 邹磊, 2019. 汉江上游流域水文循环过程对气候变化的响应 [J]. 中国农村水利水电, 9: 1-7.

戴永久, 2020. 陆面过程模式研发中的问题 [J]. 大气科学学报, 43 (1): 33-38.

邓慧平, 2010. 流域植被水文效应的动态模拟 [J]. 长江流域资源与环境, 19 (12): 1404-1409.

董磊华, 熊立华, 于坤霞, 等, 2012. 气候变化与人类活动对水文影响的研究进展 [J]. 水科学进展, 23 (2): 278-285.

傅抱璞, 1981. 论陆面蒸发的计算 [J]. 大气科学, 1: 23-31.

高艳红, 刘伟, 曾礼, 2021. 陆面过程高分辨率模拟的不确定性 [J]. 高原气象, 40 (6): 1364-1376.

姜姗姗, 占车生, 王会肖, 等, 2016. 地下水开采对海河流域水循环过程影响的模拟 [J]. 南水北调与水利科技, 14 (4): 54-59.

雷慧闽, 2011. 华北平原大型灌区生态水文机理与模型研究 [D]. 北京: 清华大学.

李高, 2021. "双碳"目标指引新发展 [J]. 中国环境管理, 13 (4): 152.

李慧赟, 张永强, 王本德, 2012. 基于遥感叶面积指数的水文模型定量评价植被和气候变化对径流的影响 [J]. 中国科学: 技术科学, 42 (8): 963-971.

参考文献

李敏，林朝晖，邵亚平，等，2015. 陆面—水文耦合模式的参数率定及改进研究 [J]. 气候与环境研究，20（2）：141-153.

李文华，何永涛，杨丽韫，2001. 森林对径流影响研究的回顾与展望 [J]. 自然资源学报，5：398-406.

刘建刚，2017. 2011年长江中下游干旱与历史干旱对比分析 [J]. 中国防汛抗旱，27（4）：46-50.

刘志勇，赖格英，潘少明，2009. 赣江源头流域植被变化的水文响应模拟研究 [J]. 长江流域资源与环境，18（5）：446-452.

彭辉，2013. 黄土高原流域生态水文模拟和植被生态用水计算 [D]. 北京：中国水利水电科学研究院.

彭涛，梅子祎，董晓华，等，2021. 基于Budyko假设的汉江流域径流变化归因 [J]. 南水北调与水利科技（中英文），19（6）：1114-1124.

任国玉，姜彤，李维京，等，2008. 气候变化对中国水资源情势影响综合分析 [J]. 水科学进展，19（6）：772-779.

任立良，1994. 时变增益因子水文系统模型剖析及应用 [J]. 河海大学学报，1：109-112.

石卫，2017. 变化环境下淮河流域环境水文响应模拟及水污染风险研究 [D]. 武汉：武汉大学.

宋星原，2002. 时变增益水文模型的改进及实时预报应用研究 [J]. 武汉大学学报（工学版），2：1-4.

宋星原，邵东国，夏军，2003. 洋河流域非线性产汇流实时预报模型研究 [J]. 水电能源科学，3：1-3.

苏凤阁，谢正辉，2003. 气候变化对中国径流影响评估模型研究 [J]. 自然科学进展，5：56-61.

汤秋鸿，黄忠伟，刘星才，等，2015. 人类用水活动对大尺度陆地水循环的影响 [J]. 地球科学进展，30（10）：1091-1099.

万蕙，夏军，张利平，等，2015. 淮河流域水文非线性多水源时变增益模型研究与应用 [J]. 水文，3：14-19.

王纲胜，2005. 分布式时变增益水文模型理论与方法研究 [D]. 北京：中国科学院研究生院.

王纲胜，夏军，2020. 含季节信息的时变增益水文系统模型 [J]. 科技进步与对策，12：185-187.

王纲胜，夏军，谈戈，等，2002. 潮河流域时变增益分布式水循环模型研究 [J]. 地理科学进展，6：573-582.

王国胜，孙涛，昝国盛，等，2021. 陆地生态系统碳汇在实现"双碳"目标中的作用和建议 [J]. 中国地质调查，8（4）：13-19.

王浩，严登华，贾仰文，等，2010. 现代水文水资源学科体系及研究前沿和热点问题 [J]. 水科学进展，21（4）：479-489.

王龙欢，谢正辉，贾炳浩，等，2021. 陆面过程模式研究进展——以CAS-LSM为例 [J]. 高原气象，40（6）：1347-1363.

魏玲娜，陈喜，王文，等，2019. 基于水文模型与遥感信息的植被变化水文响应分析 [J]. 水利水电技术，50（6）：18-28.

吴佳，高学杰，2013. 一套格点化的中国区域逐日观测资料及与其它资料的对比 [J]. 地球物理学报，56（4）：1102-1111.

吴蓁，王振亚，郑世林，2009. 分布式时变增益水文模型在黄河三花间的应用 [C]//中国气象学会天气委员会，中国气象学会水文气象学委员会，国家气象中心，等. 第26届中国气象学会年会灾害天气事件的预警、预报及防灾减灾分会场论文集. 河南省气象台：1036-1041.

武洁，高艳红，潘永洁，等，2020. 青藏高原中东部地区土壤湿度模拟性能评估以及误差分析 [J]. 地球物理学报，63（6）：2184-2198.

夏军，2002. 水文非线性系统理论与方法 [M]. 武汉：武汉大学出版社.

夏军，马协一，邹磊，等，2017. 气候变化和人类活动对汉江上游径流变化影响的定量研究 [J]. 南水北调与水利科技，15（1）：1-6.

夏军，王纲胜，吕爱锋，等，2003. 分布式时变增益流域水循环模拟 [J]. 地理学报，5：789-796.

夏军，王纲胜，谈戈，等，2004. 水文非线性系统与分布式时变增益模型 [J]. 中国科学（D辑：地球科学），11：1062-1071.

夏军，叶爱中，乔云峰，等，2007. 黄河无定河流域分布式时变增益水文模型的应用研究 [J]. 应用基础与工程科学学报，4：457-465.

夏军，叶爱中，王纲胜，2005. 黄河流域时变增益分布式水文模型（Ⅰ）——模型的原理与结构 [J]. 武汉大学学报（工学版），6：10-15.

徐宗学，赵捷，2016. 生态水文模型开发和应用：回顾与展望 [J]. 水利学报，47（3）：346-354.

严丽坤，2003. 相关系数与偏相关系数在相关分析中的应用 [J]. 云南财贸学院学报，3：3.

叶爱中，夏军，王纲胜，2006. 黄河流域时变增益分布式水文模型（Ⅱ）——模型的校检与应用 [J]. 武汉大学学报（工学版），4：29-32.

占车生，2012. 气候变化背景下中线调水对海河流域水循环的影响 [C]//中国地理学会,河南省科学技术协会. 中国地理学会2012年学术年会学术论文摘要集. 中科院地理资源所: 204.

占车生,宁理科,邹靖,等,2018. 陆面水文—气候耦合模拟研究进展 [J]. 地理学报,73 (5): 893-905.

曾思栋,2014. 变化环境下流域水系统模拟及应用研究 [D]. 武汉: 武汉大学.

曾思栋,夏军,杜鸿,等,2014. 气候变化、土地利用/覆被变化及 CO_2 浓度升高对滦河流域径流的影响 [J]. 水科学进展,25 (1): 10-20.

曾思栋,夏军,杜鸿,等,2020. 生态水文双向耦合模型的研发与应用: Ⅰ 模型原理与方法 [J]. 水利学报,51 (1): 33-43.

张建云,张成凤,鲍振鑫,等,2021. 黄淮海流域植被覆盖变化对径流的影响 [J]. 水科学进展,32 (6): 813-823.

张利平,杜鸿,夏军,等,2011. 气候变化下极端水文事件的研究进展 [J]. 地理科学进展,30 (11): 1370-1379.

张树磊,2018. 中国典型流域植被水文相互作用机理及变化规律研究 [D]. 北京: 清华大学.

张永强,李聪聪,2020. 植被变化对中国北方水文过程影响的研究进展探讨 [J]. 西北大学学报 (自然科学版),50 (3): 420-426.